petit traité de sobriété énergétique

Barbara Nicoloso

PETIT TRAITÉ DE SOBRIÉTÉ ÉNERGÉTIQUE

ÉDITIONS Charles Léopold Mayer

38, rue Saint-Sabin – 75011 Paris/France

www.eclm.fr

Maison d'édition de la **Fondation Charles Léopold Mayer pour le Progrès de l'Homme** (FPH), les Éditions Charles Léopold Mayer (ECLM) publient des ouvrages sur la transition écologique, économique et sociale. Elles accompagnent les acteurs de la transition afin qu'ils puissent développer, mettre en forme et diffuser leur plaidoyer par l'intermédiaire du livre. Association française à but non lucratif, les ECLM existent depuis 1995 et disposent de plus de 400 titres à leur catalogue. Elles publient aujourd'hui une dizaine de titres par an.
Les ECLM sont membres de la Coredem (communauté de sites ressources pour une démocratie mondiale : www.coredem.info) et de l'Alliance internationale des éditeurs indépendants (www.alliance-editeurs.org).

Essai n° 245
ISBN : 978-2-84377-228-3
Mise en pages : La petite Manufacture – Delphine Mary
Conception graphique : Nicolas Pruvost

L'auteure

Barbara Nicoloso est coordinatrice de l'association Virage Énergie. Diplômée de Sciences Po Lille et de l'Institut d'aménagement et d'urbanisme de Lille, elle travaille à la prise en compte de la sobriété énergétique dans l'élaboration des politiques publiques et étudie la façon dont la sobriété peut modifier les imaginaires et les paysages. Elle est membre du groupe de travail sur les changements structurels du secteur de l'énergie animé par la Fondation Heinrich Böll. Elle est chargée de cours à l'université du Littoral Côte d'Opale et formatrice d'élu·e·s auprès du Centre d'écodéveloppement et d'initiative sociale (Cédis). Elle est également administratrice d'Enercoop Hauts-de-France.

Partenaire de diffusion

Spécialisée dans la prospective énergétique et sociétale, l'association **Virage Énergie** propose, depuis 2006, des pistes d'action et des outils de sensibilisation et d'aide à la décision publique pour une transition vers un modèle de société sobre en énergie et en ressources naturelles, dans une logique d'anticipation et d'adaptation au dérèglement climatique.
Après la publication en 2008 d'un scénario régional de sortie du nucléaire et de lutte contre le dérèglement climatique intitulé *Énergies d'avenir en Nord-Pas-de-Calais* (prix Eurosolar 2008), l'association a publié en 2013 *Scénarios de sobriété énergétique et transformations sociétales*, élaboré avec le soutien de l'Ademe et du conseil régional du Nord-Pas-de-Calais, en partenariat avec le Centre d'études et de recherches administratives, politiques et sociales (Ceraps)

et le laboratoire Territoires, Villes, Environnement et Société (TVES) de l'université de Lille. En 2016, elle a réalisé divers outils sur la sobriété énergétique et publié l'étude *Mieux vivre en Nord-Pas-de-Calais : pour un virage énergétique et des transformations sociétales*, qui explore, aux horizons 2025 et 2050, les gisements d'économies d'énergie et d'emplois associés à des changements profonds de modes de vie et d'organisations économiques et sociales.

L'association poursuit aujourd'hui son travail de conceptualisation et d'institutionnalisation de la sobriété en accompagnant des collectivités et des acteurs locaux dans l'élaboration et la mise en place de stratégies et d'actions de transition. Pour cela, elle examine les aspects à la fois théoriques et pratiques qui fondent notre société actuelle d'« ébriété énergétique » et propose des solutions pour engager la transition énergétique, écologique et climatique.

Virage Énergie est une association membre du Réseau Action Climat France et du CLER - Réseau pour la transition énergétique.

Pour en savoir plus : www.virage-energie.org

REMERCIEMENTS

Je tiens à remercier l'ensemble des administrateurs·trices, des adhérent·e·s et des bénévoles qui sont les compagnons et compagnes de route de Virage Énergie depuis 2006, et en particulier Mathias Louis-Honoré et Mathieu Le Dû pour m'avoir ouvert les portes de l'association en 2015.

Mes remerciements vont également aux militant·e·s, aux chercheurs·euses, aux équipes techniques et aux élu·e·s des territoires, avec lesquel·le·s Virage Énergie explore au quotidien le champ des possibles de la sobriété. Un grand merci à Stéphane Baly, Solène Berry, Marielle Cuvelier, Paulo-Serge Lopes, Léa Olejniczak, Philippe Rigaud, Nathalie Sedou, Édouard Toulouse et Cassandre Windal pour leur relecture attentive et leurs conseils avisés.

Je remercie chaleureusement Nicolas Carlier pour ses suggestions, sa patience et son soutien indéfectible.

INTRODUCTION

54,4 °C : cette température, la plus élevée jamais relevée sur le globe terrestre, a été enregistrée le 16 août 2020 dans la vallée de la Mort aux États-Unis. Au même moment, la Californie connaissait les pires incendies de son histoire. Quelques semaines auparavant, le 20 juin 2020, à Verkhoïansk, ville située au-delà du cercle polaire en Sibérie, la température atteignait 38 °C, un record supérieur de 18 °C aux moyennes saisonnières habituelles. Ce même été 2020, des chercheurs de l'université d'État de l'Ohio (Columbus) et de l'université de technologie de Delft faisaient le constat, dans un article paru dans la revue scientifique *Nature*, que, les chutes de neige ne parvenant plus à compenser la fonte de glace de la calotte glaciaire du Groenland, celle-ci serait amenée à totalement fondre d'ici à la fin du siècle tout en provoquant une élévation du niveau de la mer de plusieurs dizaines de centimètres, mettant en péril la vie des 3,8 milliards de personnes résidant à moins de 150 kilomètres des rivages[1].

Depuis la fin du XIXe siècle, la température moyenne terrestre s'est considérablement modifiée. Les progrès techniques liés à deux siècles d'industrialisation ont eu un impact majeur sur l'environnement. L'utilisation accrue de

1. Michaela D. King *et al.*, "Dynamic ice loss from the Greenland Ice Sheet driven by sustained glacier retreat", *Nature*, août 2020.

combustibles fossiles (charbon, gaz, pétrole), la déforestation ainsi que les pratiques agricoles intensives se sont traduites par une augmentation des émissions de gaz à effet de serre, laquelle entraîne, entre autres conséquences, une hausse de la température moyenne terrestre.

Quelques dates et chiffres clés permettent de se rendre compte de la gravité et du caractère inédit de la situation. La planète Terre s'est formée il y a 4,54 milliards d'années ; les premières formes de vie y sont apparues il y a 3,5 milliards d'années ; les premiers primates du genre *Homo*, il y a 2 millions d'années ; et l'*Homo Sapiens*, il y a 200 000 ans. L'espèce humaine exploite massivement les ressources énergétiques fossiles depuis moins de 250 ans, et les concentrations de dioxyde de carbone (CO_2) dans l'atmosphère, issues de la combustion de ces ressources, sont passées de 280 particules par million (ppm) dans les années 1850 à 415 ppm en 2019. La rapidité de cette augmentation est inédite à l'échelle de l'Histoire non seulement humaine, mais également planétaire.

Dès la fin du XIXe siècle, les impacts des gaz à effet de serre issus de la combustion des énergies fossiles sur la biosphère sont identifiés. En 1896, le chimiste suédois Svante Arrhenius considérait que la température sur Terre pourrait croître d'environ 5 °C si la quantité de CO_2 dans l'atmosphère doublait[2]. Le XXe siècle connaîtra une

2. Svante Arrhenius, "On the Influence of Carbonic Acid in the Air upon the Temperature of the Ground", *Philosophical Magazine and Journal of Science*, vol. 5, n° 41, 1869, p. 237-276.

croissance exponentielle des consommations d'énergie qui ne fera qu'accentuer ce phénomène.

Depuis les années 1950, les chimistes, les climatologues et les océanologues ne cessent de démontrer l'origine du dérèglement climatique, d'en observer les effets et d'en alerter la communauté internationale, sans pour autant entraîner de grands sursauts. En 2019, le Groupe d'experts intergouvernemental sur l'évolution du climat (GIEC) a estimé que les émissions totales de gaz à effet de serre produites cette année-là étaient supérieures de 80 % à celles produites en 1970, et de 30 % à celles émises en 1990. Il a donc donné l'alerte en appelant à diminuer les émissions de CO_2, le plus rapidement possible et à baisser drastiquement la consommation d'énergie d'origine fossile. Afin de ne pas dépasser la barre des 2 °C de réchauffement climatique d'ici à 2100 par rapport à l'ère préindustrielle, 80 % des réserves d'énergies fossiles, actuellement connues, devraient rester dans le sol et ne pas être exploitées. Autrement dit, il ne faudrait pas consommer plus de 20 % des réserves d'énergies fossiles prouvées et accessibles.

Si nous maintenions nos émissions de gaz à effet de serre au niveau actuel, l'augmentation de la température moyenne pourrait se situer d'ici à la fin de ce siècle entre + 3,2 °C et + 5 °C par rapport à l'ère préindustrielle. Une augmentation aussi rapide sur un laps de temps si court ne laisserait que peu de temps aux espèces animales, végétales et aux sociétés humaines pour s'adapter dans un monde biologiquement, écologiquement et politiquement fortement bouleversé.

Même si nous arrêtions dès demain d'émettre du CO_2, ce qui est grandement improbable, le dérèglement climatique engagé se poursuivrait. Comment en est-on arrivé là ?

Le mythe de Prométhée, ou le « choix du feu[3] », comme le nomme le sociologue des techniques Alain Gras[4], amène à considérer le développement industriel de nos sociétés modernes comme relevant d'une force et d'un progrès irréversibles auxquels il serait impossible de résister. Ce mythe renvoie à la tentation de l'Homme de se confronter aux dieux en les surpassant dans la démesure. Ainsi, l'espèce humaine se devrait de surmonter les limites de sa propre condition de mortelle, de trouver les moyens techniques de dépasser les capacités limitées de son corps pour pouvoir développer des artefacts permettant de vivre dans des sociétés aux ressources abondantes, librement exploitables pour rendre réalisables et infinis tous les développements possibles et imaginables.

Ce cadre de pensée a fortement influencé le courant philosophique des Lumières et du libéralisme, et il régit notre système économique capitaliste actuel. En l'espace de deux siècles, l'espèce humaine est devenue une force géologique à part entière : l'extraction et la combustion des ressources fossiles depuis la première révolution industrielle ont dégagé des quantités démentielles de dioxyde de carbone et d'autres gaz à effet de serre, aujourd'hui responsables d'un dérèglement climatique planétaire.

3. Dans la mythologie grecque, Prométhée vole le feu aux dieux pour l'offrir aux hommes.

4. Alain Gras, *Le Choix du feu : aux origines de la crise climatique*, Fayard, 2007.

En 2000, le chimiste Paul Crutzen et le biologique Eugene Stoermer ont donné à cette nouvelle ère géologique le nom d'*Anthropocène*, ou « l'ère de l'humain[5] ».

Une photographie viendra cependant ébranler cette illusion de toute-puissance de l'espèce humaine. En 1972, l'équipage de la mission Apollo 17 prend pour la première fois un cliché de la Terre totalement éclairée depuis l'espace. Ce cliché, surnommé *La Bille bleue*, représente une planète ronde, finie, flottant dans un espace vide, la seule capable à notre connaissance d'accueillir la vie humaine, la vie tout court[6]. La petitesse et la précarité de notre planète dans l'univers sont alors indéniables. Le philosophe Bruno Latour la définit comme « une minuscule zone de quelques kilomètres d'épaisseur entre l'atmosphère et les roches mères. Une pellicule, un vernis, une peau, quelques couches infiniment plissées[7] ».

La fragilité de l'espace vivable pour notre espèce devient alors tangible et appréhendable par les intellects et les imaginaires, et la croyance en une croissance économique infinie dans un monde fini apparaît alors comme insensée.

Cependant, l'attentisme, la procrastination, l'inertie et la dissonance cognitive des dirigeants et d'une grande partie des entreprises et des citoyens demeurent. Le système

5. Paul J. Crutzen et Eugene F. Stoermer, "The Anthropocene", *IGBP Global Change Newsletter*, n° 41, 2000, p. 17-18.

6. Sebastian Vincent Grevsmühl, *La Terre vue d'en haut. L'invention de l'environnement global*, Seuil, 2014.

7. Bruno Latour, *Où atterrir ? Comment s'orienter en politique*, La Découverte, 2017.

capitaliste et mondialisé prédominant sur notre planète semble à peine ciller devant les alertes à répétition des scientifiques et les manifestations de plus en plus récurrentes et violentes du dérèglement climatique. Bien que plusieurs accords internationaux sur le climat aient été signés depuis les années 1990, le dernier en date étant l'Accord de Paris de 2015 qui engage l'ensemble des pays signataires à atteindre la neutralité carbone à l'horizon 2050, l'urgence climatique se fait de plus en plus présente. Selon Jim Skea, coprésident du GIEC, « limiter le réchauffement climatique à 1,5 °C est possible selon les lois de la chimie et de la physique, mais cela requiert des changements sans précédent dans nos modes de vie[8] ». Pour limiter le réchauffement à 2 °C, nous devrions diviser nos consommations énergétiques par six d'ici à 2050, ce qui ne peut sérieusement se réaliser qu'en menant des transformations en profondeur de nos modes de vie, de nos normes, de nos lois, de nos organisations sociétales et de nos imaginaires.

Comment expliquer une telle passivité face à la mise en péril, déjà bien entamée, des écosystèmes permettant l'épanouissement de nos civilisations et sociétés humaines ? Pour reprendre les mots du philosophe Jean-Pierre Dupuy, il semblerait que « nous ne croyons pas ce que nous savons » et peinons à répondre à l'urgence climatique, puisque aujourd'hui, à l'échelle du globe, nous exploitons toujours

8. IPCC, *Special Report Global Warming of 1,5 °C*, 2018.

plus de ressources fossiles et émettons toujours plus de gaz à effet de serre[9].

Cela s'explique également par l'appétence qu'ont nos sociétés contemporaines pour les ressources naturelles, et en particulier pour les ressources énergétiques. Un mythe de l'abondance s'est progressivement construit à partir du XVIIIe siècle, période à laquelle les ressources énergétiques d'origine fossile comme le charbon puis le gaz et le pétrole ont commencé à être extraites et consommées à une échelle industrielle et de plus en plus globalisée.

Cette prédation des ressources naturelles est au cœur même du fonctionnement de nos sociétés. L'approvisionnement énergétique nous concerne toutes et tous puisque chacun de nous consomme de l'énergie dans ses activités quotidiennes, que ce soit pour se nourrir, se déplacer, se chauffer, travailler... Les sociétés occidentales vivent depuis la fin du XIXe siècle en état d'ébriété énergétique permanent : l'énergie constitue le moteur de notre système économique, le prix de l'énergie et le niveau de croissance économique étant souvent en étroite interdépendance.

La crise climatique et écologique suppose de mener une transition profonde de notre système énergétique carboné, non renouvelable et dispendieux vers un nouveau système énergétique fondé sur la sobriété, la satiété et des ressources renouvelables (soleil, vent, eau, chaleur du

9. Jean-Pierre Dupuy, *Pour un catastrophisme éclairé : quand l'impossible est certain*, Seuil, 2004.

sol, biomasse). Ce changement implique d'interroger nos besoins et nos usages énergétiques afin de faire également face aux défis de la raréfaction et de la fluctuation des prix des ressources fossiles, de la sortie progressive du nucléaire et des inégalités économiques et sociales. Cela nécessite de repenser la façon dont nous utilisons l'énergie dans une grande partie des activités humaines : industrie, chauffage, transports, agriculture... La transition énergétique vers un modèle de société soutenable doit être une démarche collective et démocratique qui associe les pouvoirs publics, les entreprises et les citoyens dans des mutations sociales, économiques et culturelles déterminantes pour l'avenir de notre planète.

Cette transition n'aura pas lieu sans modifications sociétales profondes. Le thème de l'énergie doit être envisagé au-delà de sa dimension purement technique pour s'imposer dans le débat public comme une problématique politique et sociétale. L'énergie doit être considérée comme un bien commun à partager de manière équitable entre tous les êtres humains, notamment avec ceux qui n'y ont actuellement pas ou peu accès. Nos normes, nos usages, nos imaginaires doivent évoluer et muter pour être en adéquation avec les contraintes environnementales qui sont les nôtres aujourd'hui et qui ne cesseront de s'exacerber dans les décennies futures. Afin d'atténuer les conséquences physiques, sensorielles et émotionnelles néfastes de décennies de consommation d'énergies fossiles et de développement industriel, il est indispensable de considérer la sobriété comme un champ de réflexion et d'action pertinent, acceptable et désirable pour l'ensemble des êtres humains.

Pour ce faire, des acteurs académiques, des groupes de réflexion, des associations et des citoyens agissent à leur niveau pour tenter d'esquisser des alternatives à un modèle dominant générateur d'inégalités sociales et de dégradations environnementales.

Cet ouvrage est un plaidoyer pour la construction d'une société sobre, reposant sur une évolution réfléchie et inclusive de nos besoins énergétiques et un usage raisonné de la technique. Il émet des propositions pour une transition énergétique et climatique fondée sur l'éthique environnementale, la justice sociale et la lutte contre les inégalités climatiques, aussi bien au niveau local et national que dans les relations internationales Nord-Sud.

Dans un premier temps, nous analyserons l'omniprésence de l'énergie dans le fonctionnement de nos sociétés, avant de montrer en quoi la solution du tout technique et technologique pour mener à bien une transition énergétique et écologique viable relève de l'utopie. Dans un deuxième temps, nous exposerons les contours de la notion de sobriété et les évolutions sociétales et organisationnelles qu'elle induit, pour ensuite infirmer quelques idées reçues à son encontre. Enfin, nous formulerons des propositions opérationnelles pour construire une société sobre et tenterons de nous projeter dans deux futurs possibles : l'un reposant sur le scénario de l'inacceptable, et l'autre sur le scénario d'une sobriété désirable.

I. L'ÉNERGIE, CARBURANT DE NOS SOCIÉTÉS

AU COMMENCEMENT ÉTAIT LE SOLEIL

Il y a 4,6 milliards d'années, un nuage interstellaire géant se fragmentait pour donner naissance à une étoile, à des planètes et à des comètes. Notre système solaire était né.

En générant de la chaleur et de la lumière, autrement dit de l'énergie, le Soleil a rendu la vie possible sur une planète bleue de petite taille, éloignée de 150 millions de kilomètres.

Sur Terre, l'énergie solaire est à l'origine de la formation du vent et du développement des végétaux (par la photosynthèse), qui constituent une très grande partie de l'alimentation animale et humaine. On peut même attribuer une origine solaire au pétrole, puisque sa formation est le fruit de la décomposition, pendant des millions d'années, de matières organiques issues du plancton et phytoplancton.

Bien qu'elle soit invisible et difficilement perceptible par nos sens, l'énergie est à l'origine de toute vie, de tout mouvement, de toute action. Que ce soit sous la forme de lumière, d'eau, d'air, de nutriments, l'ensemble des êtres vivants a besoin d'énergie pour pouvoir se développer et exister. Chaque être vivant est donc consommateur d'énergie, et nous autres, êtres humains, en consommons pour nous alimenter, nous chauffer, nous déplacer, travailler, nous divertir... Toutes nos actions, de quelque nature qu'elles soient, sont consommatrices d'énergie.

Plusieurs ressources naturelles, en majorité issues de l'énergie solaire, permettent d'alimenter nos sociétés en énergie : la force du vent et des vagues, les chutes d'eau, la chaleur du sol, le bois (biomasse), les ressources fossiles (pétrole, charbon, gaz) et fissiles (uranium).

Ces ressources sont transformées afin d'être rendues transportables et consommables. Cette opération peut entraîner des déperditions de chaleur, c'est pour cela que l'on différencie l'énergie en trois états[1] :

- l'énergie **primaire**, qui correspond à l'énergie directement exploitable dans la nature, comme le rayonnement solaire ou la chaleur d'un sol ;
- l'énergie **secondaire**, qui est issue d'une transformation (par exemple, dans le cas d'un barrage hydroélectrique, quand le passage d'un volume d'eau dans une turbine permet de produire de l'électricité) ;
- l'énergie **finale**, qui est l'énergie distribuée au consommateur et prête à l'emploi (l'électricité disponible quand on appuie sur un interrupteur ou le carburant des pompes à essence).

Les termes « ressources énergétiques » et « énergie » sont souvent confondus dans le langage courant, alors qu'ils ne

1. Benjamin Dessus, *Déchiffrer l'énergie*, Belin, 2014.

recouvrent pas la même chose. Les ressources énergétiques sont consommées, alors que l'énergie, elle, est transformée en chaleur ou en électricité.

Il existe trois grandes catégories de ressources énergétiques : les énergies fossiles et l'énergie fissile, et les énergies renouvelables. Les énergies fossiles et l'énergie fissile sont des énergies « non renouvelables » dans la mesure où leurs réserves sont limitées et où elles ne peuvent être renouvelées qu'à une échelle de temps géologique de plusieurs millions d'années. Elles sont également appelées énergies « de stock » car elles sont stockées dans les sols, par opposition aux énergies « de flux », comme le rayonnement solaire et le vent, qui fluctuent (la nuit, le soleil ne brille pas), ou encore les matières végétales (bois, feuilles), qui sont disponibles de façon saisonnière.

Les énergies fossiles (pétrole, gaz, charbon) ont la particularité d'être facilement transportables et stockables depuis leur lieu d'extraction initial jusqu'à leur lieu de consommation finale. Elles concentrent également beaucoup d'énergie dans de petites quantités de matière : quelques litres de pétrole suffisent pour faire fonctionner un véhicule de plusieurs centaines de kilogrammes.

L'exploitation des ressources fossiles s'est faite de manière exponentielle et intensive depuis le début du XIXe siècle, produisant des quantités d'énergie gigantesques qui ont permis de remplacer la force de travail humaine et animale par la force thermique et mécanique. Toutefois, la combustion des ressources fossiles émet d'importantes quantités de gaz à effet de serre qui sont à l'origine du dérèglement climatique actuel.

L'énergie fissile est issue de la fission de l'uranium et du plutonium. Ce phénomène physique génère une importante quantité de chaleur qui permet de transformer de l'eau en vapeur et de mettre en mouvement une turbine, connectée à un alternateur, pour produire de l'électricité. Ce type d'énergie émet peu de gaz à effet de serre, mais produit des déchets radioactifs. Quant à la fusion nucléaire, qui permettrait de produire une énergie théoriquement propre et inépuisable, elle fait l'objet depuis des décennies de spéculations concernant la date de sa mise en place effective. Elle serait exploitable au mieux à partir de 2060, horizon trop lointain pour répondre à la crise climatique.

Les énergies renouvelables et de récupération sont des énergies « de flux » qui reposent sur des forces naturelles inépuisables comme l'eau, le vent, le soleil, la chaleur du sous-sol et la biomasse (bois, matières organiques végétales et animales). Elles permettent de générer de la chaleur, du biogaz ou de l'électricité (après transformation).

Si elles peuvent émettre des gaz à effet de serre et avoir des impacts environnementaux à la fabrication (extraction de métal pour construire une éolienne ou destruction de milieux naturels pour la construction d'un barrage hydroélectrique, par exemple), elles sont néanmoins propres à l'usage et peuvent être installées près des lieux de consommation. Parmi les énergies renouvelables, on peut citer l'énergie hydraulique (énergie cinétique de l'eau), l'énergie éolienne (énergie cinétique de l'air), l'énergie hydrolienne (courants marins), l'énergie solaire, l'énergie contenue dans la biomasse (plantes, bois ou matières organiques d'origine animale) et l'énergie contenue dans le sol (géothermie).

Les énergies renouvelables peuvent produire de l'énergie thermique par leur combustion (biomasse, géothermie, solaire thermique) et de l'énergie électrique (éolien, hydraulique, photovoltaïque).

DES BESOINS FONDAMENTAUX À SATISFAIRE

Nous ne consommons pas d'énergie juste pour le plaisir d'en consommer, mais pour répondre à nos besoins en alimentation, en chauffage, en mobilité...

Comme le précise l'ingénieur Benjamin Dessus, ce ne sont pas des besoins en énergie à proprement parler, mais des besoins qui nécessitent la mise en œuvre d'infrastructures, d'outils et d'appareils consommateurs ou transformateurs d'énergie sous différentes formes (chaleur, énergie mécanique...) et mobilisant des produits énergétiques (carburants, combustibles, électricité)[2].

Certains besoins doivent être impérativement satisfaits pour assurer des conditions de vie décentes. Plusieurs chercheurs en sciences humaines et sociales se sont penchés sur le sujet afin d'essayer de définir la nature de ces besoins incompressibles.

Le psychologue américain Abraham Maslow a tenté de hiérarchiser les besoins fondamentaux des êtres humains, qu'il a formalisés sous la forme d'une pyramide, connue sous le nom de « pyramide de Maslow ». Ces besoins sont

2. Benjamin Dessus, *op. cit.*

répartis en cinq groupes et les premiers doivent être satisfaits pour permettre d'avancer dans la hiérarchie.

En premier lieu, on trouve les besoins physiologiques (respiration, faim, soif, sommeil, élimination, sexualité), ensuite les besoins de sécurité (environnement stable et prévisible, sans anxiété ni crise), puis les besoins d'appartenance et d'amour (affection des autres), les besoins d'estime (confiance et respect de soi, reconnaissance et appréciation des autres) et le besoin d'accomplissement de soi. Ces besoins se veulent universels, continuellement présents, même si certains se font plus vivement ressentir que d'autres, comme les besoins physiologiques, par exemple[3]. Bien que l'aspect hiérarchique de cette théorie ne fasse pas l'unanimité dans la communauté scientifique, elle a le mérite d'identifier les besoins humains fondamentaux et d'appréhender les sources et les quantités d'énergie nécessaires pour les satisfaire.

Dans les années 1990, l'économiste chilien Manfred Max-Neef, son compatriote sociologue Antonio Elizalde et le philosophe américain Martin Hopenhayn ont également proposé une définition de ce que seraient les besoins humains fondamentaux. Ils postulent que « les besoins de base sont limités, peu nombreux et classifiables » et qu'« ils sont les mêmes dans toutes les cultures et dans toutes les périodes

3. Abraham Maslow, "A Theory of Human Motivation", *Psychological Review*, vol. 50, n° 4, 1943, p. 370-396.

de l'histoire[4] ». Seule la façon de satisfaire les besoins changerait d'une époque et d'une culture à une autre.

À la différence de Maslow, les trois chercheurs ne proposent pas de hiérarchisation des besoins fondamentaux, mais ces derniers sont divisés en deux catégories : les besoins de subsistance biologique et les besoins psychosociaux.

Les besoins de subsistance seraient au nombre de quatre : nourriture, eau, énergie (chaleur/lumière) et abri. Les besoins psychosociaux seraient au nombre de neuf : atteinte de la subsistance, protection/sécurité, affection/amour, compréhension, participation, loisirs/repos, création/créativité, identité/sens, autonomie/liberté[5]. On pourrait également ajouter à ces besoins l'accès à des soins de santé de qualité, voire l'accès à la communication. Plusieurs méthodes et moyens peuvent être utilisés pour subvenir à ces besoins, certains nécessitant de transformer des ressources naturelles en énergie, d'autres non. Le choix de recourir à une source et à une quantité d'énergie précise pour satisfaire des besoins déterminés sert de marqueur différenciant les époques et les cultures. Que l'on consomme énormément d'énergie ou peu, les besoins fondamentaux restent les mêmes pour l'ensemble de l'espèce humaine.

À l'heure actuelle, la société thermo-industrielle consumériste dans laquelle nous vivons fait le choix de satisfaire

---

4. Manfred Max-Neef, Antonio Elizalde, Martin Hopenhayn, *Human Scale Developement: Conception, Application and Further Reflections*, New York et Londres, The Apex Press, 1991.
5. Terry Gips, *Natural Step Framework*, Alliance for sustainability, 1999, traduit de l'anglais par Isabelle Desplats.

les besoins fondamentaux d'une partie de la population mondiale en utilisant des quantités colossales d'énergie et des ressources énergétiques ayant un fort impact environnemental. Comme le précise Benjamin Dessus, ces ressources nous rendent des « services énergétiques » qui permettent de répondre à nos besoins. Ce système consumériste a tendance à créer de la confusion entre nos besoins et nos désirs : c'est ainsi qu'on ne parvient plus à les distinguer ni à les hiérarchiser et que tous nous apparaissent comme essentiels.

Tout débat un tant soit peu sérieux sur la crise climatique et la transition énergétique se doit d'aborder la question des usages que nous avons de l'énergie afin de différencier les usages vitaux et essentiels des usages superflus et nuisibles.

La construction d'un monde écologiquement et socialement soutenable suppose d'arriver à satisfaire les besoins fondamentaux de la totalité de l'humanité en respectant les limites de la biosphère.

USAGES ET MÉSUSAGES DE L'ÉNERGIE

Un bref retour sur l'évolution de nos usages de l'énergie permet de mieux comprendre et de mettre en perspective notre actuelle « ébriété » énergétique. Le parallèle suggéré ici avec l'« ébriété alcoolique » semble pertinent dans la mesure où nos sociétés fonctionnent sous perfusion énergétique et peinent à s'en sevrer.

On peut identifier plusieurs phases dans l'utilisation humaine de l'énergie, chacune se fondant sur les acquis et les usages de la phase précédente pour venir la compléter. Plusieurs sources d'énergie et différentes techniques ont été conjointement utilisées et le sont toujours. Il n'y a pas eu véritablement de substitution entre les sources d'énergie, mais une diversification de leur utilisation. Notre modèle de société actuel s'est construit sur une consommation d'énergie croissante largement dominée par les ressources fossiles conventionnelles que sont le charbon, le pétrole et le gaz. Depuis la découverte des combustibles fossiles, chaque nouvelle source d'énergie s'est additionnée aux autres et a connu sa propre évolution exponentielle.

On observe un lien également très fort entre le développement d'outils et de techniques et l'exploitation de différentes ressources énergétiques. Une première phase pourrait correspondre à la période allant de la maîtrise du feu (– 450 000 ans avant notre ère) à l'apparition de l'agriculture (– 13 000 ans avant notre ère). La domestication du feu, et en particulier la cuisson des aliments, a permis aux premiers hommes de retirer plus d'énergie de leur nourriture. En effet, les aliments cuits demandent moins d'effort de digestion que les aliments crus. Cette phase a consisté à avoir majoritairement recours à l'énergie humaine (on se déplace à pied, on produit ses outils) et animale (viande, peaux) ainsi qu'à l'utilisation de la biomasse (bois, feuillage) pour produire du feu et assurer les besoins primaires.

Le développement de l'agriculture il y a treize millénaires a entraîné d'importants phénomènes de sédentarisation. Comme le remarque l'historien Mathieu Arnoux, l'agriculture consiste à « concentrer l'énergie solaire sur un endroit particulier » et contraint donc les populations à se fixer près des espaces de cultures. Aussi, « les cultivateurs parvenaient à stabiliser leurs ressources alimentaires, mais encore à les augmenter considérablement et ainsi à mettre en place les conditions d'une croissance démographique[6] ». La domestication de certains animaux (bœufs, chevaux) a facilité le travail dans les champs, mais celui-ci restait principalement réalisé par des êtres humains. Au-delà de leur force physique et de leur viande, les animaux étaient également utilisés pour leur peau et leurs os afin de produire des vêtements et des outils.

L'âge de fer (– 500 ans avant notre ère) correspond à la fabrication généralisée d'outils en métal, permise par le pouvoir calorifique du bois capable de fondre le métal. Le développement de ces outils, notamment ceux qui permettaient de travailler les sols, a eu pour conséquence de réduire le nombre d'hommes nécessaires à la culture des champs.

Au XIIe siècle, le cheval a remplacé les bovins pour le travail des champs, ce qui constitue une véritable transition énergétique. En effet, comme le souligne Mathieu Arnoux : « Un train de culture mené par deux hommes et un cheval est capable de mettre en culture chaque année entre 12 et 15 hectares de terre dont le produit permettra de nourrir plusieurs dizaines d'individus – beaucoup pourront alors se livrer à d'autres activités que le travail de la terre. Les bonnes années, une partie de l'avoine produite permettra même de nourrir les animaux et de renforcer encore leur efficacité. »

6. Mathieu Arnoux, « 200 000 ans d'histoire de l'énergie », *L'Histoire*, février 2015.

Les ressources naturelles sont progressivement maîtrisées pour accompagner et faciliter le travail de l'Homme : l'énergie hydraulique et le vent sont utilisés via les moulins pour faire fonctionner des meules afin de produire de la farine et de l'huile. Les moulins à eau permettent notamment de faire fonctionner les soufflets qui sont indispensables à l'entretien des fours qui alimentent les forges à métaux.

La traction animale permet également, grâce aux manèges à chevaux, d'activer des mécanismes de poulies servant à tirer ou à soulever des charges lourdes.

La technique facilite le travail des hommes en donnant le moyen de manipuler des charges extrêmement lourdes qui ne pouvaient l'être jusqu'alors que par l'usage de centaines d'esclaves : les constructions gigantesques telles que les pyramides d'Égypte ou la Grande Muraille de Chine n'ont été rendues possibles que par le travail de milliers d'êtres humains ; il en allait de même pour la culture dans les champs de coton ou dans les plantations de sucre de canne. L'extraction de la densité énergétique des ressources fossiles a progressivement rendu obsolète et non rentable l'exploitation de la force humaine.

Au tournant du XVIIIe siècle, l'utilisation progressive du charbon constitue une véritable rupture dans l'histoire de l'énergie[7]. La demande énergétique mondiale (besoins en énergie) a été, jusqu'à la fin du XVIIIe siècle et au début de

7. Jean-Claude Debeir, Jean-Paul Deléage, Daniel Hémery, *Une histoire de l'énergie*, Flammarion, 2013.

la première révolution industrielle, plus ou moins stable au gré des évolutions démographiques. L'exploitation massive du charbon de bois pour faire fonctionner les forges et les fours entre les XIIe et XVIIIe siècles avait entraîné une surexploitation des forêts et une déforestation qui a progressivement conduit à la rentabilité de l'exploitation du charbon fossile.

La première révolution industrielle, au début du XIXe siècle, favorise, via le charbon, le développement des trains et des bateaux à vapeur. Le « cheval-vapeur » devient l'unité permettant de mesurer la puissance délivrée par la vapeur par rapport à celle d'un cheval. Le XIXe siècle sera le siècle du charbon. Le développement de la locomotive remodèle les territoires en réduisant les distances, mais aussi en modifiant profondément les paysages pour construire les réseaux de chemins de fer.

La fin du XIXe siècle voit l'avènement de l'électricité, qui sera notamment utilisée pour généraliser l'éclairage public ainsi que celui des habitations[8]. Elle remplace progressivement le gaz et les graisses animales pour cet usage. Elle est alors produite grâce aux moulins hydrauliques. Le développement du télégraphe électrique est d'ailleurs rendu possible par l'électrification des villes et des campagnes et constitue en ce sens une véritable révolution de l'information.

8. Alain Beltran, Patrice Carré, *La Vie électrique. Histoire et imaginaire (XVIIIe-XXIe siècle)*, Belin, 2016.

Toutefois, l'exploitation du charbon, son intégration dans le mix énergétique des pays occidentaux au détriment des énergies renouvelables (eau, vent, biomasse) et l'industrialisation des sociétés européennes au XIXe siècle ne se sont pas faites sans heurts ni résistance de la part des populations. Des travaux récents d'historiens montrent que ce pan de l'histoire énergétique, encore peu étudié, a été un des vrais moteurs des luttes sociales, territoriales et environnementales du XIXe siècle[9].

Le XXe siècle est considéré comme le siècle de l'explosion de la demande énergétique, avec une multiplication de la consommation énergétique par sept en l'espace de cent ans[10]. L'explosion démographique, qui a vu passer la population mondiale de 1,6 milliard de personnes en 1900 à 6,1 milliards de personnes en 2000, n'est pas la seule explication.

En effet, la croissance annuelle moyenne de la population mondiale a été de 1 % par an, alors que l'augmentation de la consommation de ressources énergétiques a été de 1,7 %. On assiste également à de grandes disparités au niveau mondial, les pays du Nord, engagés dans la révolution industrielle, consommant évidemment plus que les pays du Sud.

9. François Jarrige, Alexis Vrignon, *Face à la puissance. Une histoire des énergies alternatives à l'âge industriel*, La Découverte, 2020.

10. Arnulf Grubler, Nebojša Nakićenović, "Decarbonizing the global energy system", *Technological Forecasting and Social Change*, vol. 53, n° 1, 1996, p. 97-110.

Tout au long du xxe siècle, et en particulier à partir de la fin de la Seconde Guerre mondiale, le pétrole a inondé le monde. Alors disponible en abondance et à bas coût, il a, dans un premier temps, entraîné une amélioration des conditions de vie matérielles pour des millions de personnes. Pendant les Trente Glorieuses, les territoires ont été aménagés autour de l'usage de l'automobile, ce qui a permis de satisfaire les nouveaux besoins générés par l'avènement de la société de consommation[11]. Avec la démocratisation de l'achat des véhicules individuels dans les années 1960, des millions de personnes ont pu habiter, travailler et consommer dans des zones distantes de plusieurs kilomètres les unes des autres. Le modèle des centres-bourgs concentrant les activités commerciales et économiques dans les villes et les villages a progressivement été remplacé par celui des grands centres commerciaux et des zones d'activités situés en périphérie des villes, bien souvent uniquement accessibles en voiture. La productivité du travail facilitée par le pétrole a généré un surplus de capitaux qui a pu être investi dans l'éducation, ainsi que dans les systèmes de santé et de protection sociale, d'où une augmentation de l'espérance de vie. En France, celle-ci est passée de 45 ans pour les hommes et 48 ans pour les femmes en 1900 à 79,7 ans pour les hommes et à 85,6 ans pour les femmes en 2019.

11. Céline Pessis, Sezin Topçu, Christophe Bonneuil, *Une autre histoire des Trente Glorieuses : modernisation, contestations et pollutions dans la France d'après-guerre*, La Découverte, 2013.

Depuis soixante-dix ans, les modes de consommation se sont progressivement diversifiés avec l'intensification de la mondialisation des échanges commerciaux rendue possible par le développement du fret aérien et du fret maritime que l'introduction du conteneur dans les années 1960 a rendus très efficient. Il faut désormais moins d'une semaine à un produit pour faire le tour du monde, de son lieu de production initial à son lieu de consommation final, et ce à un coût extrêmement bas[12]. Des infrastructures et des pratiques emblématiques d'une forme d'ébriété énergétique sont progressivement apparues. Qu'il s'agisse des pistes de ski recouvertes de neige artificielle ou des surf parks aménagés dans des centres commerciaux, de la climatisation des rues au Qatar, du chauffage des terrasses extérieures en France, ou encore de l'installation de frigos ouverts dans les magasins, les exemples ne manquent pas pour illustrer cette débauche d'énergie et de ressources naturelles.

Benjamin Dessus donne quelques ordres de grandeur pour comprendre le bouleversement qu'a constitué le recours aux énergies fossiles depuis la fin du XVIIIe siècle : « Avec une lampe fluorescente de 8 watts, on procure une quantité de lumière mille fois plus importante qu'avec une bougie, avec un litre de pétrole dans un moteur, on produit autant de travail qu'un homme en pleine forme en une grosse semaine[13]. »

---

12. Rob Hopkins, *Manuel de transition. De la dépendance au pétrole à la résilience locale*, Écosociété, 2010.

13. Benjamin Dessus, *op. cit.*

Les années 1960-1970 voient un accroissement de la part du gaz naturel, puis du nucléaire dans le mix énergétique mondial. L'extraction du gaz est notamment facilitée par l'utilisation de technologies de forage et de captation très puissantes fonctionnant au pétrole.

L'usage civil du nucléaire pour produire de l'électricité s'appuie sur les propriétés physiques et chimiques de l'uranium et du plutonium découvertes durant la Seconde Guerre mondiale et ayant servi à la création de la bombe atomique. Bien que, d'un point de vue français, le nucléaire apparaisse comme une source d'énergie incontournable, seulement 10,3 % de l'électricité produite dans le monde est issue du nucléaire.

On assiste depuis les années 1990 à un « retour » des énergies renouvelables, qui n'avaient pourtant jamais disparu du mix énergétique d'une partie de l'humanité. Celles-ci tendent très progressivement à se substituer aux énergies fossiles et à l'énergie fissile. Actuellement, à l'échelle mondiale, les énergies fossiles constituent la principale source d'énergie utilisée. En 2019, 84 % de l'énergie primaire consommée mondialement provenait des combustibles fossiles (33 % du pétrole, 27 % du charbon, 24 % du gaz naturel), 6,4 % de l'hydroélectricité, 5 % des énergies renouvelables 4,3 % du nucléaire[14]. Selon l'Agence internationale de l'énergie (AIE), les grands secteurs consommateurs d'énergie sont l'industrie (29 %), les transports (29 %),

14. *BP Statistic Review of World Energy*, 2020.

le secteur résidentiel (21 %), le secteur tertiaire (8 %) et l'agriculture (2 %)[15].

De grandes inégalités d'accès à l'énergie perdurent dans le monde. Actuellement, les pays en développement consomment globalement plus d'énergie que les pays développés. Pourtant, rapporté par habitant, le niveau des consommations énergétiques y est faible. Cela s'explique notamment par le fait que ces pays produisent massivement pour les pays développés.

Le dérèglement climatique actuel est dû à l'accumulation des émissions de gaz à effet de serre générées ces deux cents dernières années, et celles-ci l'ont été en très grande majorité par les pays développés, en particulier les États-Unis et la Grande Bretagne. La population des pays développés, tels que définis par l'OCDE, représente 1,615 milliard de personnes, soit environ 20 % de la population mondiale. L'AIE atteste régulièrement l'augmentation des consommations énergétiques mondiales d'énergie fossile. À titre d'exemple, la consommation mondiale de charbon a augmenté de 65 % entre 2000 et 2018[16].

Cependant, l'année 2020 pourrait faire figure d'exception. En effet, la consommation mondiale d'énergie primaire aurait baissé de 6 % par rapport à 2019, soit l'équivalent de la consommation annuelle d'énergie d'un pays comme l'Inde, troisième consommateur d'énergie au monde. Cela s'explique notamment par l'impact de

15. AIE, *World Energy Outlook*, 2019.
16. *Ibid.*

la crise sanitaire de la Covid-19 et le ralentissement économique mondial dû au confinement et à une moindre consommation et production de biens matériels. L'AIE considère l'impact de cette crise sur le système énergétique mondial comme son « plus grand choc depuis plus de sept décennies ».

DES ESCLAVES ÉNERGÉTIQUES À NOTRE SERVICE

L'énergie, bien que disponible en quantité limitée, est aujourd'hui considérée par une majorité de la population des pays occidentaux comme un dû. Or celle-ci n'a pas toujours été disponible en de telles quantités.

C'est ce que tente d'illustrer la notion d'esclavage énergétique. L'architecte américain Richard Buckminster Fuller a développé cette notion dans les années 1940 afin de démontrer que l'énergie produite par les ressources fossiles s'était substituée au travail manuel des esclaves. Son raisonnement découlait d'un calcul : en divisant la consommation énergétique annuelle des États-Unis par une évaluation du travail journalier, Fuller concluait que, durant l'année 1940, chaque Américain avait profité du travail virtuel de 153 esclaves énergétiques. En outre, précisait Fuller, ces nouveaux esclaves pouvaient « travailler dans des conditions impossibles à l'homme : une température de 2 500 °C, l'absence de sommeil, une précision au millième de millimètre, un grossissement d'un million de fois, une pression de 3 millions de kilopascals, des déplacements à 300 000 km/s, etc.[17] ». Il ajoutait : « La mécanisation, la domestication de l'énergie est la réponse de l'homme à l'esclavage. » En comparant l'énergie produite par les ressources fossiles et les centrales hydrauliques en une année avec l'énergie qu'un être humain était capable de produire sur la même période, il est arrivé à la conclusion qu'environ 36,85 milliards d'esclaves inanimés participaient au bon fonctionnement de la civilisation thermo-industrielle.

Ces chiffres ont été mis à jour en 2011 par le spécialiste de l'énergie David Hughes[18]. Celui-ci a calculé qu'il fallait en moyenne 7,37 ans de vélo (en tenant compte des week-ends et des jours fériés et en pédalant 8 heures par jour) pour produire autant d'énergie que celle contenue dans un baril de pétrole (159 litres). Si une personne pédalait 12 heures par jour, 7 jours sur 7, sans aucun congé, elle mettrait 3,8 années pour produire la même quantité d'énergie que celle contenue dans un baril de pétrole. Il a extrapolé ces résultats à l'échelle d'un foyer nord-américain. Sachant qu'en 2011 un citoyen nord-américain consommait en moyenne 23,6 barils de pétrole par an, soit 89 esclaves énergétiques, une famille de 5 personnes disposerait donc de 445 esclaves énergétiques. Une nation de 300 millions d'habitants comme les États-Unis reposerait

17. Richard Buckminster Fuller, "U.S Industrialization", *Fortune*, vol. 21, n° 2, 1940, p. 50-58 et 158-164.
18. David Hugues, *Will Natural Gas Fuel America in the 21st Century ?*, Post Carbon Institute, 2011.

ainsi sur le travail de 27 milliards de travailleurs virtuels. Ces chiffres sont vertigineux.

L'historien de l'énergie Vaclav Smil fait également une analogie très significative : pour produire la même quantité de céréales qu'un agriculteur américain moderne en 2 heures de moissonneuse-batteuse, il faudrait 350 heures de travail à un agriculteur romain[19].

Face à la raréfaction progressive des ressources pétrolières, il semble légitime de se demander si et comment ces esclaves énergétiques virtuels seront remplacés. C'est également pour cela qu'il est déterminant d'anticiper dès aujourd'hui la contraction de la disponibilité des ressources énergétiques.

LES IMAGINAIRES DE L'ÉNERGIE CARBONÉE

Les imaginaires liés à l'énergie carbonée renvoient à la puissance, la force, la rapidité, l'immédiateté figurées par de grandes quantités d'énergie emmagasinées dans de petites quantités de pétrole ou de charbon. Cette puissance revêt un caractère presque magique quand nous appuyons sur un interrupteur et que de l'électricité surgit en un dixième de seconde. Quand on effectue ce geste banal, on pense très rarement aux réseaux, infrastructures et

19. Vaclav Smil, "Science, energy, ethics, and civilization", *in* Raymond Y. Chiao, Marvin L. Cohen, Anthony J. Leggett, William D. Phillips et Charles L. Harper Jr. (dir.), *Visions of Discovery: New Light on Physics, Cosmology and Consciousness*, Cambridge University Press, 2010.

ressources nécessaires pour permettre cette simple action. Cela tend à nous distancier de la réalité matérielle de l'énergie, qui repose sur la combustion de ressources naturelles.

Comme le précise la sociologue Laurence Raineau : « La disponibilité des ressources n'est pas questionnée : nous remplissons le réservoir de notre voiture sans même voir l'essence, son origine et son trajet ; nous appuyons sur l'interrupteur sans penser à la source d'énergie à l'origine de l'électricité, ni à la centrale thermique qui l'a produite[20]. »

Les occasions d'appréhender de manière sensible l'énergie sont peu nombreuses. On peut identifier la « présence » de l'énergie par le grésillement d'une ligne à haute tension, par l'odeur de feu de bois ou du charbon brûlant l'hiver pour alimenter les systèmes de chauffage, ou encore en observant les installations et les infrastructures (pylônes, câbles, stations-service) qui sont partout, mais qu'on ne remarque même plus.

Cette rupture entre nature et culture nourrit un imaginaire de toute-puissance, où les liens entre consommation, production d'énergie, exploitation de ressources naturelles et production de polluants et déchets sont loin d'être évidents. Cette vision du monde est notamment véhiculée par le cinéma et la publicité, qui n'hésitent pas à créer des corrélations entre puissance énergétique, ascension sociale, accomplissement personnel et atteinte du bonheur. Posséder un véhicule très puissant ferait de son propriétaire

20. Laurence Raineau, « Adaptation aux changements climatiques : vers une transition énergétique ? », *Natures Sciences Sociétés*, vol. 19, n° 2, 2011, p. 133-143.

quelqu'un d'important, ayant réussi, maîtrisant cette force. Avoir accès à l'énergie, et donc à la puissance, constitue un marqueur social.

Le développement du numérique est également venu renforcer cette course à l'immédiateté. Le déploiement de la 5G n'a pas d'autre objectif que d'accélérer la transmission de données afin de pouvoir généraliser l'usage des objets connectés, de la réalité virtuelle ou encore de la voiture autonome.

Les travaux de l'architecte Carola Hein permettent de voir également comment la richesse tirée de l'exploitation du pétrole a pu façonner l'architecture et l'urbanisme de certaines villes[21]. Elle rappelle que les compagnies pétrolières ont été les premières à avoir installé leur siège social dans des gratte-ciels et à aménager des quartiers d'affaires (le premier immeuble construit dans le quartier de la Défense à Paris l'a été par la compagnie pétrolière ESSO), et elle insiste sur la façon dont l'architecture a été mise au service de cet imaginaire de la puissance, voire de la démesure.

PENSER L'APRÈS-CARBONE

Nous vivons actuellement dans des sociétés dont le fonctionnement repose sur l'utilisation de ressources énergétiques fossiles, notamment le pétrole, dont nos sociétés

21. Carola Hein, 'Global Landscapes of Oil", *New Geographies*, Cambridge, MA, Havard University Press, vol. 2, 2010, p. 33-42.

modernes sont totalement dépendantes. On retrouve celui-ci aussi bien sous la forme de carburant (98 % de l'énergie utilisée par les transports), de plastique (objets, matériaux de construction) que de molécules servant à élaborer des engrais ou des médicaments. Or l'exploitation de cette ressource est en partie responsable du dérèglement climatique. Il est donc nécessaire de cesser progressivement d'en consommer pour limiter ses impacts sur l'environnement. Cela suppose de mobiliser des ressources énergétiques plus durables et, surtout, d'interroger nos besoins en énergie.

On parle dès lors de « l'après-pétrole » ou de « post-carbone » pour désigner le moment où les ressources fossiles, et en particulier le pétrole, ne domineront plus le mix énergétique mondial. Dans la mesure où 80 % des réserves de ressources fossiles connues doivent rester enfouies dans les sous-sols pour ne pas amplifier le dérèglement climatique, la problématique de l'épuisement de ces ressources devrait en toute logique se révéler secondaire.

L'épuisement des ressources

Pourtant, un phénomène de raréfaction touche aujourd'hui le pétrole, lequel joue un rôle essentiel dans le monde de l'énergie, de la chimie, de l'agriculture (engrais, pesticides...). Nous sommes entrés dans l'ère de la raréfaction de l'« or noir ».

Le pic pétrolier, ou *peak oil* en anglais, fait référence au moment où la production mondiale de pétrole commence à décliner du fait de l'épuisement des ressources exploitables. La méthode de prévision du pic pétrolier a été élaborée dans les années 1950 par le géologue américain

Marion King Hubbert, qui est parvenu à pronostiquer avec justesse la date du pic de production américain en 1970 en comparant les quantités de pétrole déjà utilisées par rapport aux réserves connues restantes. À l'échelle mondiale, l'Agence internationale de l'énergie estime que le pic de production de pétrole conventionnel a été dépassé en 2006.

En 2018, cette agence estimait les réserves de pétrole à 1 470 giga-barils, alors que la consommation mondiale annuelle de pétrole est de 33,8 giga-barils. Autrement dit, en tenant compte des réserves connues et de notre consommation actuelle de pétrole, cette ressource pourrait être épuisée dans quarante-cinq ans.

Cependant, l'état des réserves de pétrole constitue un sujet quasi permanent de controverse entre les spécialistes. Cela peut s'expliquer par le fait que la raréfaction de cette ressource entraîne une hausse des prix du baril, rendant ainsi économiquement viable l'exploitation de gisements jusque-là trop onéreux à exploiter (fonds marins, hydrocarbures diffus dans les sols). Cela provoque mécaniquement une augmentation des réserves de pétrole disponibles et donc une baisse des prix.

C'est ainsi que l'exploitation d'hydrocarbures « non conventionnels » (gaz et huile de schiste, sables et schistes bitumineux) au tournant des années 2010 en Amérique du Nord a entraîné une chute des prix de l'énergie et a effacé de l'agenda médiatique et politique la survenue imminente d'un pic pétrolier. En 2015, aux États-Unis, plus de la moitié du pétrole brut extrait l'a été en ayant recours à la fracturation hydraulique (les pétroles de schiste sont récupérés en injectant de l'eau et des produits chimiques à forte pression pour casser la roche). De grandes quantités d'énergie et d'eau sont nécessaires pour extraire ces ressources du sol. Ainsi, pour produire un baril de pétrole brut canadien issu des sables bitumineux de l'Alberta, il faut près de 1 000 litres d'eau. L'indice EROI "Energy Return on Energy Invested" permet de calculer la quantité d'énergie nécessaire à l'extraction d'une quantité donnée. À titre d'exemple, il faut l'équivalent de 2 à 3 barils de pétrole pour produire 100 barils de pétrole dans les champs pétrolifères d'Arabie Saoudite, contre 1 baril pour en produire 3 dans le cas des sables bitumineux du Canada[22].

Le réchauffement climatique et la fonte de la calotte glaciaire simplifient l'accès à certaines réserves, notamment au Groenland et en Arctique, ce qui augmente les quantités de pétrole disponibles sur le marché tout en renforçant le phénomène de dérèglement climatique. Toutes les nouvelles exploitations de charbon ou de gaz naturel liquéfié (GNL) sont également considérées comme productrices de « fossiles extrêmes » dans la mesure où ces ressources se situent dans des écosystèmes très fragiles et amplifient le phénomène de dérèglement climatique.

Le gaz naturel et le charbon sont eux aussi menacés de raréfaction à une échelle de temps géologique relativement courte. En 2016, le World Energy Council[23] a estimé la date d'épuisement des gisements de différentes ressources

22. Philippe Bihouix, *L'Âge des low tech. Vers une civilisation techniquement soutenable*, Seuil, 2014.
23. World Energy Council, *World Energy Ressources*, 2016.

énergétiques en tenant compte du rythme actuel de production. Ainsi, il nous resterait des réserves suffisantes pour couvrir 56 ans de consommation de gaz et 109 ans de consommation de charbon. Rapporté à l'échelle de l'histoire de l'Humanité, cela est très peu, d'autant plus que la formation des ressources fossiles a nécessité plusieurs millions d'années et que les réserves constituées sont non renouvelables. Cet état de fait impacte également la disponibilité des ressources naturelles métalliques, dont l'exploitation nécessite beaucoup d'énergie.

L'Homme extrait des matières métalliques, présentes naturellement dans le sol et le sous-sol de notre planète, depuis des milliers d'années (or, fer, argent)[24]. Cependant, l'usage et la diffusion massive de nouvelles technologies, ainsi que la dématérialisation d'un certain nombre d'activités depuis les années 1980 ont entraîné une exploitation croissante des ressources minérales métalliques entrant dans la composition des objets électroniques omniprésents dans notre quotidien (téléphone, ordinateur, télévision…). Cette massification des appareils électroniques et leur mauvais recyclage créent des problèmes de disponibilité pour certains métaux.

Nous connaîtrions actuellement un *peak all* ou *peak everything*[25], un « pic de tout », qui correspond à la survenue

24. Ugo Bardi, *Le Grand pillage, Comment nous épuisons les ressources de la planète*, Les Petits Matins, 2015.

25. Richard Heinberg, *Peak Everything: Waking up to the century of declines*, New Society Publishers, 2010.

concomitante d'un pic d'exploitation des réserves de pétrole et des réserves de ressources minérales, en particulier des métaux. Le pic des métaux caractérise le moment où l'exploitation des ressources naturelles métalliques à l'échelle mondiale atteint son niveau maximal, avant de décliner à cause de la raréfaction des ressources disponibles. C'est le cas notamment du cuivre, dont l'épuisement des réserves connues est estimé par le United States Geophysical Survey comme susceptible d'advenir dans une quarantaine d'années au rythme actuel de son exploitation[26]. Selon cette institution, les réserves actuellement connues et économiques viables de cobalt[27] équivaudraient à 50 ans de notre production actuelle, celles de zinc[28] à 19 ans, et celles d'antimoine[29] à 10 ans.

Les métaux sont des ressources stratégiques qui constituent un véritable enjeu géopolitique.

La France et l'Union européenne d'une manière générale disposent pour des raisons géologiques de très peu de gisements de matières premières métalliques. La quasi-totalité des ressources fossiles et métalliques utilisées en Europe est importée d'Afrique, d'Asie et d'Amérique Latine. La Chine réunit à elle seule 44 % des réserves, 88 % de l'offre

26. US Geological Survey, *Mineral Commodity Summaries*, 2020.

27. On trouve du cobalt dans les batteries électroniques, les peintures, certains plastiques et additifs alimentaires.

28. Le zinc protège l'acier de la corrosion. On le trouve notamment dans les toitures, les carrosseries et les engrais.

29. L'antimoine est présent dans les puces électroniques, les piles et en pharmacie dans certains antidouleurs.

et 58 % de la demande des terres rares (17 métaux aux propriétés électromagnétiques très recherchées dans les technologies de pointe).

Certaines de ces zones géographiques sont confrontées à des conflits ou à des instabilités politiques récurrentes qui peuvent entraîner des ruptures d'approvisionnement et une fluctuation du prix des ressources, ce qui accroît la vulnérabilité matérielle des pays importateurs. Des ressources comme le cobalt sont considérées comme des « minerais de conflit » dans la mesure où leur valeur stratégique génère ou entretient des conflits armés, comme c'est le cas actuellement en République démocratique du Congo.

Par ailleurs, les conditions d'exploitation de ces gisements sont souvent rudes, exposant les travailleurs à de nombreux risques, amplifiés par des manquements aux normes sanitaires et environnementales, comme cela est régulièrement constaté dans certaines mines en Afrique ou en Asie.

Faire face à l'urgence climatique

En émettant autant de gaz à effet de serre qu'aujourd'hui tout au long du XXIe siècle, nous nous orientons dangereusement vers une augmentation de la température de 4 °C à l'horizon 2100. Cela rendrait inhabitables de nombreuses régions du globe (au-delà de 50 °C, le corps humain cesse de fonctionner normalement et l'agriculture est quasi impossible) et multiplierait les migrations climatiques. De plus, la vitesse de fonte des calottes polaires et les conséquences sur l'élévation du niveau de la mer sont difficiles à anticiper. Certains scénarios du GIEC estiment que la fonte totale de l'Arctique entraînerait une augmentation du niveau de la mer de 6 mètres.

La seule solution pour limiter le nombre de déplacés climatiques est de parvenir à contenir le réchauffement mondial en dessous de 2 °C afin de limiter la hausse du niveau de la mer, les phénomènes météoro-logiques violents et la désertification des régions agricoles d'Afrique subsaharienne, d'Asie du Sud et d'Amérique latine.

Certains États se savent déjà condamnés par l'élévation du niveau de la mer. C'est le cas des îles Maldives et des îles Tuvalu, qui seront amenées à disparaître sous les eaux au cours du XXIe siècle. Que deviendront les populations de ces îles ? Leur nation pourra-t-elle subsister sans territoire ? Les conséquences du changement climatique posent de nouvelles problématiques en termes de droit international et de protection des populations.

Depuis une vingtaine d'années, la signature d'accords internationaux sur le changement climatique a permis de faire évoluer le droit international pour reconnaître le changement climatique comme un facteur de migration, ce qui permet désormais aux déplacés climatiques d'acquérir une reconnaissance et un statut juridique particuliers. À l'origine, la convention de Genève de 1951, qui définit les conditions d'attribution du statut de réfugié, ne reconnaît pas les modifications climatiques comme un facteur de migration et s'applique uniquement aux personnes quittant leur pays d'origine – alors que la grande majorité des migrations climatiques sont à l'heure actuelle des migrations internes aux pays. Le concept de « réfugié environnemental » apparaît en 1985 dans un rapport du Programme des Nations unies, et il faudra attendre plus de trente ans pour qu'en 2019 le pacte de Marrakech sur les migrations reconnaisse pour la première fois le changement climatique comme une cause de départ forcé des populations. Dans la mesure où la plupart des migrations pour cause de changement climatique ont lieu à l'intérieur de territoires nationaux, il est préférable de parler de « déplacés climatiques » plutôt que de « réfugiés climatiques », même si on peut trouver des événements climatiques à l'origine de beaucoup de migrations (conflits armés ou pénurie alimentaire provoqués par des vagues de sécheresse, des événements météorologiques violents...).

La Banque mondiale estime qu'en 2018, 26,4 millions de personnes ont été déplacées suite à des catastrophes climatiques (typhons, ouragans, incendies, inondations), soit trois fois plus que les 9 millions de personnes déplacées à cause de conflits armés la même année[30].

Des enjeux géopolitiques et sociaux forts

L'état des réserves fossiles et métalliques constitue un sujet quasi constant de controverse. Cela peut s'expliquer par le caractère autocorrecteur des fluctuations économiques dues à la raréfaction des réserves disponibles. Les populations les plus précaires sont les plus vulnérables à la fluctuation des prix de l'énergie. Selon l'Observatoire national de la précarité énergétique, en 2018, 5 millions

30. Banque mondiale, *Groundswell : se préparer aux migrations climatiques internes*, 2018.

de ménages français « éprouvaient dans [leur] logement des difficultés particulières à disposer de la fourniture d'énergie nécessaire à la satisfaction de [leurs] besoins élémentaires en raison de l'inadaptation de [leurs] ressources financières ou de [leurs] conditions d'habitat[31] ». La précarité énergétique renvoie également aux difficultés rencontrées par une partie de la population pour se déplacer à cause du coût d'entretien d'un véhicule, de la fluctuation des prix de l'essence et de la non-gratuité des transports en commun.

La crise sociale des Gilets jaunes (2019) a mis en lumière les inégalités qui existent dans l'accès à l'énergie, ainsi que les défaillances de l'aménagement du territoire français qui a conditionné la survie économique et sociale des territoires ruraux à l'usage de la voiture.

À une époque où le pétrole est encore omniprésent dans nos modes de vie et notre environnement quotidien, il est complexe d'imaginer à quoi ressemblera le monde de l'après-pétrole. L'après-pétrole est un défi immense à relever puisqu'il nécessite de mettre en place une véritable transition énergétique, économique et sociétale à l'échelle mondiale.

Posséder sur son territoire national des ressources fossiles garantit une autonomie énergétique qui devient une force économique et politique sur la scène internationale.

31. Observatoire national de la précarité énergétique, *Suivi annuel de la précarité énergétique : un nouvel enjeu pour l'ONPE*, 2018.

Cependant, la localisation inéquitable des ressources fossiles sur le globe est un facteur de tensions économiques et géopolitiques entre les pays. L'accès aux réserves fossiles, notamment aux champs pétroliers et gaziers ainsi qu'aux mines de charbon, se révèle hautement stratégique.

La sortie progressive de l'ère des fossiles a déjà commencé à avoir des impacts économiques et politiques. Dans une ère post-énergies fossiles, les enjeux géopolitiques mondiaux seront redessinés et les pays producteurs d'énergie ne seront plus les mêmes. Certains pays producteurs de pétrole élaborent des plans de reconversion économique afin d'anticiper les baisses de production et de vente de barils de pétrole. Depuis près de quarante ans, la Norvège, par exemple, épargne les recettes des ventes de pétrole afin de pouvoir financer la transition économique et sociale de l'après-pétrole. Le fonds pétrolier norvégien est aujourd'hui doté de la somme considérable de 989 milliards d'euros.

L'Arabie Saoudite a également fait le choix d'élaborer une stratégie de transition et d'anticiper l'après-pétrole en diversifiant ses activités économiques, notamment vers le secteur des énergies renouvelables et le secteur touristique.

Par ailleurs, la fonte de la calotte glaciaire du Groenland et de la banquise arctique libérera l'accès à des terres et à des fonds marins que l'on sait riches en hydrocarbures et en matières métalliques rares. Quelques grandes puissances mondiales comme la Russie, la Chine, les États-Unis, ainsi que certaines compagnies pétrolières et minières avancent chacune leurs pions pour occuper le terrain, dans l'attente de la fonte des glaces et de l'ouverture de voies maritimes qui rendront viable l'exploitation de ces espaces jusque-là protégés en tant que bien commun et patrimoine partagé de l'humanité.

Des mouvements d'opposition à l'extractivisme en Amérique latine ou aux États-Unis tentent de bloquer certaines exploitations pour préserver les écosystèmes et le climat, mais aussi pour dénoncer l'impunité des grandes entreprises qui bien souvent accaparent de force les terres de populations pauvres sans aucune contrepartie pour ces dernières, si ce n'est d'être exposées aux pollutions générées par l'extractivisme[32].

À l'heure actuelle, l'extractivisme est l'une des premières causes de conflits sociaux en Amérique latine. Des communautés locales luttent contre l'exploitation industrielle des ressources naturelles sur leurs terres. Celle-ci a pour conséquence de détruire des modes de vie et des économies locales en implantant des infrastructures d'extraction et en faisant venir des personnes extérieures au territoire pour travailler dans les exploitations.

UNE TRANSITION NÉCESSAIRE

La transition énergétique consiste en une modification profonde de notre système énergétique actuel, qui repose principalement sur l'utilisation d'énergies d'origine fossile (pétrole, charbon, gaz) et fissile (uranium) non renouvelables, au profit d'un nouveau système énergétique fondé

32. Anne Bednik, *Extractivisme. Exploitation industrielle de la nature: logiques, conséquences, résistances*, Le Passager clandestin, 2016.

sur des ressources renouvelables (soleil, vent, eau, chaleur du sol, biomasse). Elle est indispensable pour faire face à l'urgence climatique, aux risques de l'industrie nucléaire, aux chocs énergétiques, économiques et sociaux présents et à venir. Cela suppose de repenser la façon dont nous utilisons l'énergie dans une grande partie des activités humaines. Cette démarche collective doit associer à la fois les pouvoirs publics, les entreprises et les citoyens.

L'accord de Paris fixe des objectifs de réduction des émissions de gaz à effet de serre qui ont été traduits dans le paquet énergie-climat de l'Union européenne. Ce plan climat européen se donne pour objectif de réduire les émissions de gaz à effet de serre des 27 pays membres de 40 % à l'horizon 2030 (par rapport à 1990). Des négociations étaient en cours fin 2020 entre la Commission européenne, le Parlement européen et les États membres pour relever cet objectif à une réduction de 55 % des gaz à effet de serre à l'horizon 2030.

Ces objectifs internationaux et européens ont été déclinés en France dans la loi relative à la transition énergétique pour la croissance verte (TECV) du 17 août 2015[33], puis la loi énergie et climat du 8 novembre 2019[34]. Ces deux textes

33. Loi n° 2015-992 du 17 août 2015 relative à la transition énergétique pour la croissance verte : https://www.legifrance.gouv.fr/jorf/id/JORFTEXT000031044385/

34. Loi n° 2019-1147 du 8 novembre 2019 relative à l'énergie et au climat : https://circulaires.legifrance.gouv.fr/dossierlegislatif/JORFDOLE000038430994/

de loi fixent des objectifs ambitieux pour la transition énergétique :

– réduire de 40 % les émissions de gaz à effet de serre d'ici à 2030 et de 75 % d'ici à 2050, par rapport à 1990 ;

– réduire de 20 % les consommations d'énergie d'ici à 2030 et de 50 % d'ici à 2050, par rapport à 2012 ;

– réduire de 40 % la consommation d'énergies fossiles d'ici à 2030, par rapport à 2012 ;

– porter la part des énergies renouvelables à plus de 30 % de la consommation énergétique finale d'ici à 2030 ;

– baisser de 50 % la part du nucléaire dans la production d'électricité à l'horizon 2035.

Ils reconnaissent également la sobriété comme un moyen de réduire les besoins en énergie de la société française. Parallèlement à la sobriété, la maîtrise de la demande en énergie peut se faire en ayant recours à l'efficacité énergétique, entendue comme l'amélioration des performances techniques et énergétiques des bâtiments et des équipements (voiture, machine à laver, télévision…). L'efficacité énergétique renvoie donc à la réduction des consommations d'énergie d'un équipement, à service énergétique équivalent. Toutefois, les solutions techniques rencontrent un certain nombre de limites que nous exposerons dans le chapitre suivant.

La transition énergétique nous invite à nous poser collectivement plusieurs questions sur notre rapport à l'énergie : quels besoins peuvent être remis en cause ? Quels usages peut-on faire évoluer ? Quelles conceptions et valeurs peuvent être modifiées ? Quels effets ces actions produiraient-elles en matière de consommation d'énergie, d'impacts économiques, de relations sociales, d'améliorations environnementales ? On voit bien que la transition énergétique n'est pas qu'une simple transition technique. Elle est éminemment politique dans le sens où elle réinterroge les fondements mêmes de notre modèle de société.

II. L'UTOPIE DU TOUT TECHNIQUE

L'ENTROPIE DE NOTRE MONDE

Quand on évoque la transition énergétique dans l'espace médiatique et politique, il est très souvent question d'innovations technologiques, de procédés techniques qui permettraient de réduire les consommations énergétiques et de faciliter la transition des modes de vie par le déploiement de certains artefacts technologiques (compteur communicant Linky, 5G...). Or le développement et la diffusion de ces technologies sont loin d'être neutres d'un point de vue énergétique et social.

Nous vivons dans des sociétés glorifiant la technique. Cette dernière serait salvatrice, elle nous promettrait un avenir radieux, apportant paix et bien-être à l'ensemble de l'humanité. Les ingénieurs sont glorifiés pour leur capacité supposée à trouver des solutions à l'ensemble des problèmes se posant à nous. Pourtant, l'histoire de la technique ne s'est pas déroulée de manière linéaire. Elle est jalonnée de tâtonnements, d'expérimentations, d'échecs techniques ou commerciaux, d'abandons... Aujourd'hui, une majorité de Français semble douter de la capacité du progrès technique à lutter contre le changement climatique. Selon l'Ademe, seuls 11 % des Français estiment que « le progrès technique permettra de trouver des solutions pour empêcher/limiter le changement climatique », contre 52 % qui pensent qu'il « faudra modifier de façon importante nos modes de vie pour empêcher/limiter le changement climatique[1] ».

Des choix politiques, économiques ou encore sociaux ont été faits au fil des siècles, certaines ressources énergétiques et techniques ont été privilégiées plutôt que d'autres, car plus efficaces, plus rentables ou plus adaptées à certains contextes territoriaux. Le modèle économique occidental à l'œuvre depuis la révolution industrielle s'appuie sur une production et une consommation continues de biens et de services, ces derniers requérant, entre autres, de l'énergie et de la matière. Le problème réside dans le fait que ce modèle propose de puiser celles-ci essentiellement dans les stocks disponibles sous terre (ressources énergétiques fossiles, matières premières), stocks par nature limités et finis. Comment dès lors assurer une croissance économique illimitée en puisant dans des ressources finies ?

Dans les années 1970, l'économiste roumain Nicholas Georgescu-Roegen a montré les limites de ce système en mettant en avant le concept de l'entropie : chaque fois que nous puisons dans notre capital naturel, que nous brûlons des ressources énergétiques, la matière se dégrade irrémédiablement et ne peut plus être récupérée sous une forme réutilisable pour produire un autre travail. Par exemple,

1. Ademe, *Enquête sur les représentations sociales du changement climatique*, 20e vague, octobre 2019.

le pétrole se consume en gaz carbonique qui lui-même ne peut plus être utilisé en carburant, en acier, même recyclé[2].

Dans un monde aux ressources finies, il importe de faire des choix dans l'usage qui sera fait de ces ressources une fois extraites, car l'entropie engendre des dégradations irréversibles de matières et d'énergie. Comme le précisait Georgescu-Roegen : « Chaque fois que nous produisons une voiture, nous détruisons irrévocablement une quantité de basse entropie qui, autrement, pourrait être utilisée pour fabriquer une charrue ou une bêche. Autrement dit, chaque fois que nous produisons une voiture, nous le faisons au prix d'une baisse du nombre de vies humaines à venir[3]. »

Dans son *Mode d'emploi pour la technique*, Jacques Neyrinck reprend les thèses de Georgescu-Roegen et explique que l'humanité, pour vivre avec cette croissance de l'entropie, se doit nécessairement de construire des modèles économiques et des techniques favorisant toujours le moindre recours aux stocks naturels d'énergie et de matières premières[4]. Le meilleur moyen d'économiser des ressources naturelles est et sera toujours de ne pas produire un produit. Les grands industriels de l'agroalimentaire qui se targuent de la recyclabilité à 100 % des emballages de certains de leurs produits omettent ce principe fondamental

2. Nicholas Georgescu-Roegen, *La Décroissance : entropie, écologie, économie*, Sang de la Terre, 1995.

3. *Ibid.*

4. Jacques Neyrinck, *Le Huitième jour de la création : un mode d'emploi pour la technique*, Lausanne, Presses polytechniques et universitaires romandes, 2005.

de la physique qu'est le principe d'entropie. En effet, rien n'est recyclable à 100 %. Dans le système industriel actuel, de la matière est systématiquement dégradée et le processus de recyclage est énergivore. Le recyclage entretient le mythe de l'infini, de la perpétuelle réplicabilité, en niant la réalité physique de la matière[5].

LA MENACE DE L'EFFET REBOND

Les gains énergétiques générés par des améliorations techniques et technologiques ne sont pas négligeables. Selon le Commissariat général au développement durable, l'intensité énergétique (quantité d'énergie consommée par point de PIB) a baissé de 1,4 % entre 2010 et 2016[6]. Toutefois, pour être efficaces, ces économies d'énergie doivent s'accompagner d'une modification des comportements des utilisateurs. Car le bénéfice tiré d'une amélioration de l'efficacité énergétique peut se voir limiter par une augmentation des usages. C'est l'économiste William Stanley Jevons qui a mis en avant ce paradoxe dans un ouvrage de 1865 intitulé *Sur la question du charbon*. Ce phénomène est aujourd'hui plus connu sous le terme d'« effet rebond ».

On distingue deux types d'effets rebond. Le premier, appelé « effet rebond direct », consiste à voir l'utilisation

5. Flore Berlingen, *Recyclage : le grand enfumage. Comment l'économie circulaire est devenue l'alibi du jetable*, Rue de l'échiquier, 2020.

6. Commissariat général au développement durable. *L'Efficacité énergétique en France, évolution entre 2000 et 2016 et comparaison internationale*, juillet 2017.

d'une ressource croître proportionnellement à la baisse de son prix. Le second, appelé « effet rebond indirect », désigne le fait que le supplément de pouvoir d'achat obtenu grâce à l'efficacité énergétique puisse être réinvesti dans des produits ou des usages énergivores.

Par exemple, les gains de pouvoir d'achat obtenus grâce à la rénovation d'un habitat ou à l'achat d'un véhicule moins énergivore peuvent être restreints par l'adoption d'un comportement davantage consommateur (achat de biens matériels, déplacements plus réguliers et plus longs).

L'économiste Pierre Jacquemot observe que l'efficacité énergétique a augmenté de 40 % par unité de PIB depuis les années 1970, ce qui n'a pas empêché de voir la consommation de pétrole exploser[7]. Les moteurs des véhicules sont désormais plus puissants qu'il y a quarante ans, mais le nombre, la taille, le poids, les équipements des véhicules et les distances parcourues n'ont cessé de croître, entraînant une augmentation importante de la pollution atmosphérique et des émissions de gaz à effet de serre liées au secteur des transports.

Pour illustrer cette situation, le Labo de l'ESS a dressé une comparaison entre une automobile de 2018 et une de 1968 : « Une Citroën C1 de 2018 consomme 5 litres aux 100 km, autant qu'une antique 2CV de 1968. La raison est simple : le poids de la C1 est de 865 kg, celui de la 2 CV était d'environ 500 kg, la puissance du moteur a plus que doublé

7. Pierre Jacquemot, *L'Écologie*, Éditions Sciences Humaines, 2020.

et la vitesse de pointe est passée de 110 km/h à 170 km/h[8].» Les gains permis par l'efficacité énergétique ont été réinvestis afin d'augmenter la vitesse du véhicule (qui, soit dit en passant, est limitée à 130 km/h en France) ainsi que son niveau d'équipement et de confort, et non pour réduire la consommation de carburant du véhicule.

LA TENTATION DE LA GÉO-INGÉNIERIE

L'intensification des conséquences du dérèglement climatique dans les années à venir pourrait inciter certains dirigeants à envisager le recours à la géo-ingénierie. Celle-ci consiste à faire appel à la technologie pour modifier le climat à l'échelle globale : de telles interventions pourraient mener à un dérèglement des cycles naturels du carbone ou de l'eau et avoir des conséquences environnementales majeures.

Le développement de technologies capables de réfléchir les rayons du soleil depuis l'espace (et de limiter les quantités d'énergie reçues sur la Terre et donc son réchauffement) est à l'étude, tout comme celui des techniques de captation du CO_2 excédentaire présent dans l'atmosphère pour le réinjecter dans les sols ou l'océan. La géo-ingénierie est un des champs de recherche les plus financés à l'heure actuelle. Certains procédés de géo-ingénierie sont d'ores et déjà utilisés, notamment dans le domaine de l'agriculture, où des canons projetant des produits chimiques dans

8. Labo de l'ESS, *Sobriété énergétique*, 2018.

l'air sont capables de modifier l'apparition de nuages et de précipitations. Cette technique a d'ailleurs été utilisée lors des Jeux olympiques de Pékin de 2008 afin de dissiper une ondée menaçant la cérémonie d'ouverture.

Les technologies de captation de carbone sont en cours de développement, notamment dans les secteurs industriels de l'extraction pétrolière, gazière et de la sidérurgie, et ont été prises en compte pour la première fois dans les scénarios d'atténuation du dérèglement climatique du GIEC en 2019. Les captages et stockages géologiques artificiels du CO_2 (Carbon Capture and Storage ou CCS) sont considérés comme des solutions pour capter le carbone, au même titre que les puits de carbone naturels que sont les océans, les forêts et les espaces agricoles. Cependant, il apparaît périlleux d'intégrer dans les projections climatiques l'utilisation de cette technologie, encore en cours de développement, pour définir des politiques de réduction des émissions de GES. De plus, il existe encore très peu d'études sur les impacts environnementaux de l'utilisation des CCS. Le recours à ces procédés relativiserait l'urgence climatique en envoyant le message contradictoire qu'une réduction des consommations n'est pas primordiale, puisque nous serions en capacité de capter le CO_2 excédentaire dans l'atmosphère.

Une note de l'Ademe de juillet 2020 indique que plusieurs sites en France seraient en capacité d'accueillir les CCS : le littoral dunkerquois, le littoral normand et les environs de Lacq dans les Pyrénées[9]. L'Agence de la transition

9. Ademe, *Avis de l'Ademe. Captage et stockage du* CO_2, juillet 2020.

écologique signale toutefois que le déploiement de ces technologies est à prendre avec précaution et que d'amples expérimentations seront nécessaires avant leur mise en place. Les populations devront bien sûr être associées à l'installation des CCS.

Plusieurs ONG et chercheurs dénoncent les risques de ces méthodes, tel le philosophe australien Clive Hamilton, qui qualifie les promoteurs de la géo-ingénierie d'« apprentis sorciers[10] », mais il ne fait aucun doute qu'avec l'aggravation du dérèglement climatique les débats porteront de plus en plus dans les années à venir sur la pertinence et l'urgence du recours à ces technologies. On peut alors se demander comment la population mondiale sera associée à la décision d'avoir recours à la géo-ingénierie pour modifier le climat. Cela engagerait également les générations futures à poursuivre cette maintenance du climat et à y consacrer des quantités très importantes de ressources naturelles et énergétiques.

UNE DÉMATÉRIALISATION BIEN MATÉRIELLE

Les impacts énergétiques et environnementaux du numérique sont de plus en plus documentés. Plusieurs études et ouvrages ont été publiés ces dernières années pour dénoncer le coût environnemental de la dématérialisation, qui n'a d'immatériel que le nom puisque

10. Clive Hamilton, *Les Apprentis sorciers du climat. Raisons et déraisons de la géo-ingénierie*, Seuil, 2013.

les technologies du numérique (câbles, serveurs, ordinateurs, périphériques) sont bel et bien constituées de matériaux.

En 2019, 53,5 millions de tonnes de déchets d'équipements électriques et électroniques ont été produites dans le monde, soit 21 % de plus qu'en 2014. En maintenant les tendances actuelles de consommation de produits électroniques, 74 millions de tonnes de déchets pourraient être produites en 2030[11].

Les impacts environnementaux sont générés essentiellement durant la fabrication des appareils, ensuite au moment de l'utilisation, puis au moment du recyclage si l'appareil est effectivement recyclé. Or, au niveau mondial, 83 % des appareils ne sont jamais recyclés et finissent dans des décharges ou dans la nature[12].

En termes d'énergie, la généralisation des appareils électroniques et le développement du numérique se révèlent assez gourmands. Les consommations énergétiques nécessaires à la fabrication et à l'utilisation des équipements augmentent en moyenne au niveau mondial de 9 % par an[13], et le secteur du numérique a émis 3,8 % des gaz à effet de serre mondiaux en 2019[14]. Au moment où la crise climatique nous invite à réduire nos consommations énergétiques, le numérique génère de nouvelles pratiques

11. The Global E-waste Monitor 2020.

12. *Ibid.*

13. The Shift Project, *Lean ICT. Pour une sobriété numérique*, 2018.

14. Agence internationale de l'énergie, *World Energy Outlook*, 2019.

(loisirs numériques, jeux vidéo, streaming, télétravail et télémédecine) et de nouvelles normes qui contribuent à amplifier la demande mondiale en électricité.

L'accès au numérique, tout comme l'accès à l'énergie, constitue une problématique politique, mais aussi sociale. Selon l'Insee, 17 % de la population française, soit plus de 11 millions de personnes, souffrirait d'illectronisme, soit d'incapacité à savoir utiliser des appareils numériques ou à avoir accès à une connexion Internet[15]. Les personnes de plus de 75 ans sont particulièrement concernées, 53 % d'entre elles n'ayant pas d'accès à Internet depuis leur domicile, contre 2 % des 15-29 ans. 34 % des personnes les plus modestes et les moins diplômées sont également concernées par cet éloignement du numérique.

On constate également une fracture territoriale dans l'accès à une connexion haut débit, plus difficilement disponible sur les territoires ruraux qu'en milieu urbain. La dématérialisation de la plupart des démarches administratives rend les populations captives et éloigne les plus âgées et les plus précaires d'un accès facilité aux services publics.

La sobriété numérique consiste à interroger nos usages des outils informatiques et d'Internet afin de ne pas y avoir systématiquement recours dans l'ensemble de nos tâches du quotidien. Il semble important de pouvoir conserver certaines facilités apportées par le développement du numérique (travail et communication à distance, accès à

15. Insee, « Une personne sur six n'utilise pas Internet, plus d'un usager sur trois manque de compétences numériques de base », *Insee Première*, n° 1780, octobre 2019.

l'information) tout en ayant pleinement conscience des conséquences énergétiques et environnementales de son utilisation[16].

SORTIR DE L'IMPASSE DU NUCLÉAIRE

En 2018, la France assurait 78,9 % de sa production d'électricité par l'énergie nucléaire (contre environ 20 % pour l'Union européenne et 10,3 % à l'échelle mondiale). On dénombrait la même année 447 réacteurs nucléaires en activité dans le monde, dans 31 pays différents, et 54 en construction. En 2020, la France comptait 56 réacteurs nucléaires répartis sur 18 sites[17].

En choisissant de développer massivement l'énergie nucléaire, notamment en réaction aux chocs pétroliers des années 1970, l'État français s'est rendu dépendant de cette énergie. Il a ainsi accru la vulnérabilité de son système électrique en cas de problème technique sur les centrales ou de rupture d'approvisionnement en uranium (principalement importé du Niger, du Kazakhstan et d'Australie). Cette source d'énergie centralisée comporte des risques de défauts d'approvisionnement qui doivent être considérés et anticipés. C'est l'organisation même du territoire qui pourrait être touchée, à l'instar des villes dont le bon fonctionnement dépend de l'électricité pour toute une série

---

16. Voir à ce sujet Éric Vidalenc, *Pour une écologie numérique*, Les Petits Matins, 2019.
17. Commissariat à l'énergie atomique et aux énergies alternatives, *Elecnuc. Les centrales nucléaires dans le monde*, 2019.

de services tels que l'approvisionnement en nourriture et en eau potable, l'exploitation des ouvrages de gestion urbaine comme les stations d'épuration ou les stations de relevage. Afin d'écouler la production d'électricité des réacteurs nucléaires français, des pratiques énergivores ont été encouragées dès les années 1980. En témoigne l'installation massive de systèmes de chauffage électrique individuels peu performants en termes de confort thermique dans les logements, ce qui rend les foyers français encore plus vulnérables à la variation des prix de l'électricité et à une rupture d'approvisionnement électrique. De plus, la thermosensibilité du réseau électrique français (difficulté de production et d'approvisionnement quand les températures sont basses en hiver et que la demande en électricité, notamment des systèmes de chauffage, est forte) s'observe moins dans les autres pays développés.

Aussi, l'énergie nucléaire ne s'exploite pas sans risques. Des accidents peuvent advenir sur tous les types de réacteurs, à cause de problèmes techniques pouvant notamment être liés au vieillissement des infrastructures ou à des erreurs humaines. Plusieurs accidents et catastrophes nucléaires ont prouvé que le risque technologique de l'utilisation de cette énergie est réel : accident de Three Mile Island (États-Unis) en 1979, accident de Saint-Laurent-des-Eaux (France) en 1980, catastrophe de Tchernobyl (Ukraine-Biélorussie) en 1986, catastrophe de Fukushima (Japon) en 2011.

Pour produire de l'électricité ou faire exploser une bombe, la technologie nucléaire utilise les propriétés d'éléments radioactifs, principalement l'uranium et le plutonium. Instables, leurs atomes se cassent en libérant une grande quantité d'énergie – c'est ce qu'on appelle la fission. Simultanément, ils émettent des radiations qui endommagent les cellules vivantes. Les effets de la radioactivité sur la santé peuvent être très graves, entraînant cancers, leucémies, malformations, mutations génétiques, maladies immunitaires. L'inhalation d'un microgramme de plutonium suffit à provoquer un cancer du poumon. La Commission internationale de protection radiologique affirme qu'aucune dose de radioactivité n'est inoffensive. La radioactivité du plutonium met plusieurs dizaines de milliers d'années avant de totalement se dissiper et de devenir inoffensive[18].

De plus, les combustibles (uranium, plutonium) utilisés pour le fonctionnement des centrales nucléaires produisent des déchets qu'il est impossible de recycler. La seule solution à l'heure actuelle est de stocker ces déchets dans des fûts et de les plonger dans des piscines d'eau dans des centres de stockage de déchets nucléaires. Fin 2018, l'inventaire de l'Agence nationale pour la gestion des déchets radioactifs estimait que 3 880 m³ de déchets de haute activité, 43 000 m³ de déchets de moyenne activité à vie longue, 93 700 m³ de déchets de faible activité à vie longue, 945 000 m³ de déchets de faible et moyenne activité à vie courte et 557 000 m³ de déchets de très faible activité étaient stockés en France[19].

18. Institut de radioprotection et de sûreté nucléaire, *Exposition de la population française aux rayonnements ionisants*, rapport IRSN/2015-00001, 2015.
19. Andra, *Inventaire national des matières et déchets radioactifs*, 2019.

Chaque année, les réacteurs français produisent 1 200 tonnes de déchets radioactifs, et plus de 300 000 colis de déchets radioactifs sillonnent la France en camion ou en train, des centrales vers les centres de stockage.

Le site d'enfouissement des déchets Cigéo, en cours de construction à Bure dans la Meuse, servira à stocker des déchets encore radioactifs pendant plusieurs centaines d'années dans des galeries souterraines. Mais il semble impossible de garantir la stabilité du sous-sol pendant des milliers d'années, ni d'empêcher des infiltrations d'eau qui contamineraient les nappes phréatiques alentour[20].

En plus du risque technologique et du problème du traitement des déchets qui reste toujours irrésolu, d'autres points viennent ternir l'image du nucléaire. Les coûts de construction et de fonctionnement des centrales ont d'autant plus augmenté que les normes de sûreté ont été rehaussées après l'accident nucléaire de Fukushima en 2011. La Cour des comptes pointe régulièrement les dérives financières de l'industrie nucléaire française. Fin 2019, EDF affichait une dette de 41 milliards d'euros. La construction de la centrale de type EPR de Flamanville dans la Manche a débuté en 2004 et aurait dû s'achever cinq ans plus tard. Or, à cause notamment de malfaçons dans la réalisation de la cuve et d'anomalies au niveau des soudures, elle ne sera vraisemblablement pas mise en service avant 2023, soit avec quatorze ans de retard. De plus, le coût de construction de cette centrale a explosé.

20. Gaspard d'Allens, Andrea Fuori, *Bure, la bataille du nucléaire*, Seuil, 2017.

Initialement estimé à 3,3 milliards d'euros, il devrait finalement s'élever à 19,1 milliards selon la Cour des comptes[21].

En France, des objectifs de réduction progressive de la part du nucléaire dans le mix énergétique ont été fixés (50 % de la production d'électricité nationale issue du nucléaire à l'horizon 2035, contre 75 % aujourd'hui), mais une sortie totale du nucléaire n'est pour le moment pas annoncée, au contraire. Les réacteurs français vieillissent. Certains éléments difficiles, voire impossibles, à remplacer (cuve, enceinte des réacteurs, circuits électroniques) se fragilisent avec le temps. Prolonger le fonctionnement des 56 réacteurs français coûterait a minima 35 milliards d'euros selon EDF. L'État français et EDF prévoient un « grand carénage » consistant à rénover l'ensemble des centrales nucléaires dans les trente ans à venir. La construction de trois nouvelles centrales EPR est envisagée pour un coût estimé à 46 milliards d'euros. Ces opérations très onéreuses auront un impact certain sur le prix de l'électricité d'origine nucléaire, ce qui ne manquera pas de rendre l'électricité d'origine renouvelable encore plus compétitive qu'elle ne l'est déjà. À terme, la « compétitivité » de l'énergie nucléaire, que cherchent à démontrer les défenseurs de l'atome, pourrait être sérieusement remise en question, et ce risque financier est à considérer, d'autant plus que les coûts d'assurance et les coûts d'enfouissement des déchets n'apparaissent pas sur la facture d'électricité du consommateur. Selon l'Institut de

21. Cour des Comptes, *La Filière EPR*, 2020.

radioprotection et de sûreté nucléaire, le coût d'un accident nucléaire majeur s'élèverait en France à 760 milliards d'euros[22]. On peut également ajouter que l'argent qui sera injecté dans une nouvelle génération de centrales nucléaires ne le sera pas dans d'autres solutions plus durables de transition (mesures de sobriété, adaptation au changement climatique, rénovation des bâtiments, développement des énergies renouvelables).

L'un des arguments des défenseurs du nucléaire consiste à affirmer que la production d'énergie nucléaire émettrait très peu de gaz à effet de serre. Bien que l'énergie nucléaire soit moins intense en carbone que le pétrole ou le charbon, son empreinte carbone n'est pas nulle. Si la réaction physique permettant de produire de l'électricité est en effet faible en gaz à effet de serre, ces calculs prennent rarement en compte l'empreinte carbone de l'ensemble des étapes et procédés permettant la production d'électricité d'origine nucléaire : construction des centrales, extraction de l'uranium, production, démantèlement, gestion des déchets, frais liés aux accidents... De plus, l'industrie nucléaire génère des fuites de gaz comme l'hexafluorure de soufre (SF6) dans l'atmosphère, gaz ayant un potentiel de réchauffement global bien supérieur à celui du CO_2. Ainsi, la fuite de 1 kilogramme d'hexafluorure de soufre correspond à l'émission de 22,8 tonnes de CO_2[23] !

22. Institut de radioprotection et de sûreté nucléaire, *Examen de la méthode d'analyse coût-bénéfice pour la sûreté*, rapport DSR n° 157, 2007.
23. GIEC, *Changes in Atmospheric Constituents and in Radiative Forcing*, 2018.

L'analyse des scénarios du GIEC montre que la mobilisation du nucléaire n'est pas indispensable pour atteindre la neutralité carbone. Comme le remarque l'Association négaWatt dans une note : « Le GIEC souligne que si une majorité des scénarios étudiés intègrent un recours accru au nucléaire, d'autres proposent une trajectoire 1,5 °C sans mobiliser ce levier et intègrent parfois un déclin significatif du nucléaire. La construction de nouveaux réacteurs n'apparaît pas comme une condition strictement nécessaire à l'atteinte de cet objectif[24]. »

De plus, il devient très périlleux de construire des centrales nucléaires dans un monde au climat déréglé. D'ores et déjà, les phénomènes récurrents de sécheresse et de baisse de débit des cours d'eau provoquent chaque été l'arrêt de certains réacteurs, principalement dans les centrales étant alimentées par l'eau des fleuves. Durant l'été 2020, deux réacteurs de la centrale de Chooz dans les Ardennes ont dû être mis à l'arrêt pour éviter de trop pomper l'eau de la Meuse.

L'avenir des centrales construites en bord de mer, comme c'est le cas de la plus grande centrale d'Europe de l'Ouest située à Gravelines dans le Nord, est également problématique. Même si on peut espérer une fermeture de cette centrale dans les dix ans à venir au regard de son âge, ce site semble retenir l'attention de l'État et d'EDF pour y implanter deux réacteurs de type EPR. On peut légitimement se

24. Association négaWatt, *Quelle place pour le nucléaire et les énergies renouvelables dans les trajectoires mondiales de neutralité carbone ?*, analyse de l'Association négaWatt, sur la base des travaux du GIEC, septembre 2020.

demander comment cette installation résistera aux submersions marines saisonnières dans les années à venir et à la montée du niveau de la mer à plus long terme.

L'ère du nucléaire peut et doit rester derrière nous. Plusieurs scénarios montrent qu'il est possible de se passer du nucléaire dans le mix énergétique français. Le scénario négaWatt[25] et les scénarios de l'Ademe[26] démontrent qu'il est concevable de couvrir 100 % des besoins énergétiques des Français par des énergies renouvelables en alliant sobriété, efficacité et pilotage de la variabilité. En s'appuyant sur ce triptyque « sobriété-efficacité-énergies renouvelables », les scénarios de Virage Énergie démontrent également qu'il est possible de couvrir les besoins énergétiques de la région des Hauts-de-France en se passant de la centrale nucléaire de Gravelines.

Conditionner la réussite de la transition énergétique et écologique uniquement par le recours à la technique et à la technologie relève d'une forme de pensée magique. L'utilisation de la technique ne peut être décorrélée des lois de la physique et des comportements humains, qu'ils soient individuels ou collectifs. Pour reprendre les mots de l'économiste Serge Latouche, il s'agit de « décoloniser nos imaginaires[27] » pour (re)considérer la technique uniquement comme un moyen et non comme une fin.

25. Association négaWatt, *Scénario négaWatt 2017-2050*, 2017.

26. Ademe, *Mix électrique 100 % renouvelable ? Analyses et optimisations*, 2016.

27. Serge Latouche, *Décoloniser l'imaginaire. La pensée créative face à l'économie de l'absurde*, Parangon, 2011.

III. PLAIDOYER POUR LA SOBRIÉTÉ ÉNERGÉTIQUE

LA SOBRIÉTÉ, PIERRE ANGULAIRE DE LA TRANSITION

Si le terme « sobriété » renvoie à la modération, à la frugalité, à la tempérance, à l'ascèse ou à la mesure, la sobriété énergétique demeure encore aujourd'hui un concept émergent.

Pour enrichir ce concept, on peut envisager la sobriété énergétique comme une démarche volontaire et organisée de réduction des consommations d'énergie et des ressources naturelles par des changements de modes de vie, de pratiques, de valeurs, de normes, de comportements et de modes d'organisation collective.

Elle amène à réévaluer nos usages et nos besoins en énergie et matériaux, mais aussi nos imaginaires, la culture de l'énergie de nos sociétés et nos formes d'organisation individuelles et collectives.

Elle diffère de l'efficacité énergétique qui, elle, fait appel exclusivement à des améliorations techniques permettant de réduire les consommations d'énergie à l'échelle d'un système donné (bâtiment, véhicule, etc.).

Au vu des capacités limitées de la biosphère (finitude en énergie de stock ou en minerais), il faut nuancer le caractère « volontaire » de cette démarche, entendu ici comme « anticipation » plutôt que comme « adaptation sous contrainte ». En effet, on peut déjà observer une sobriété « subie » par les personnes en situation de précarité énergétique qui consomment moins d'énergie en raison de leurs moyens financiers limités. Bien que la frontière soit mince entre sobriété « choisie » et sobriété « subie », la seule sobriété potentiellement durable et désirable doit être le fruit d'un choix volontaire et collectif.

Ainsi définie, la sobriété n'est donc pas une fin en soi et elle présente de multiples finalités. Elle a un rôle majeur à jouer pour répondre à l'urgence climatique et sortir de l'utilisation des énergies fossiles, en agissant comme un outil afin de négocier une répartition plus équitable des efforts de réduction des consommations d'énergie.

En ce sens, la sobriété renforce la résilience et la capacité d'adaptation d'un territoire et de sa population dans un contexte d'incertitudes quant aux contraintes à venir. En diminuant les consommations d'énergie, la sobriété est également un chemin privilégié pour adapter la demande en énergie à une offre énergétique locale fondée sur des sources d'énergie renouvelable.

En pratique, la sobriété se décline selon plusieurs formes, celles-ci venant compléter les champs d'application proposés par l'Association négaWatt[1].

1. Association négaWatt, Thierry Salomon, Marc Jedliczka Yves Marignac, *Manifeste négaWatt. Réussir la transition énergétique*, Arles, Actes Sud, 2012.

Elle ne se cantonne pas à la thématique de l'énergie. Elle s'applique également aux ressources naturelles (eau, bois), aux matières premières (minerais), aux productions agricoles... et recouvre de ce fait plusieurs dimensions :

- **La sobriété énergétique** : il s'agit de consommer la juste quantité d'énergie nécessaire en limitant le gaspillage et en évitant la surconsommation d'énergie. La sobriété et l'efficacité sont complémentaires et doivent être mobilisées conjointement. En effet, l'efficacité énergétique doit s'accompagner de changements de comportements et d'organisation collective cohérents pour être pertinente et éviter les phénomènes d'effet rebond inhérents à l'usage de la technique.
- **La sobriété matérielle** : il s'agit de repenser notre utilisation des biens matériels afin de limiter l'usage de matières premières et de matériaux neufs. La sobriété matérielle interroge notre rapport à la propriété. Il s'agit également de veiller à ce que la taille et le poids d'un objet ne soient pas surdimensionnés par rapport à l'usage qui en est fait.
- **La sobriété structurelle** : il s'agit de la façon dont l'aménagement du territoire structure l'espace, influence l'organisation du territoire et des modes de vie, et donc les consommations énergétiques et matérielles. Le modèle d'aménagement du territoire hérité des années 1950-1960, reposant sur le développement massif de l'usage de la voiture individuelle dans un contexte où le prix de l'essence était très faible, a par exemple favorisé l'étalement urbain et le développement de grandes surfaces en périphérie des villes, uniquement accessibles en

voiture. À l'inverse, la ville des courtes distances permet d'accéder facilement à pied ou à vélo à des commerces, services, lieux de travail depuis son lieu d'habitation, limitant ainsi les déplacements motorisés, consommateurs d'énergie et émetteurs de gaz à effet de serre.

• **La sobriété d'usage** : il s'agit du comportement que l'on adopte dans l'usage d'un objet ou d'une technologie, par exemple la fréquence et la durée d'utilisation, les fonctionnalités que l'on décide de sélectionner ou non, les efforts que l'on peut faire pour que l'usage soit raisonnable et à bon escient.

• **La sobriété organisationnelle** : il s'agit de repenser nos modes d'organisation collective afin d'adopter de nouvelles façons de se déplacer, de travailler, d'habiter, de consommer… Le développement du télétravail, la mutualisation des moyens de transport, la création de nouveaux modèles économiques ont un impact sur nos consommations énergétiques.

• **La sobriété collaborative** : il s'agit, tout en recréant du lien entre les personnes, de pratiquer une activité permettant de faire des économies d'énergie et de ressources naturelles. C'est le cas des Repair Cafés (ateliers participatifs de réparation d'objets) ou des accorderies (échange de savoir-faire et de connaissances).

De plus en plus de recherches et de travaux académiques sont menés sur la sobriété[2]. En France, plusieurs

2. Édouard Toulouse, « La sobriété énergétique, une notion disruptive de plus en plus étudiée », *La Revue de l'énergie*, n° 649, mars-avril 2020.

chercheurs/chercheuses[3] et structures associatives (négaWatt[4], Virage Énergie, The Shift Project[5], le Labo de l'ESS[6]...) travaillent actuellement sur ce sujet et l'Ademe a fait paraître fin 2019 un panorama dessinant les contours de la notion de sobriété[7]. À la suite de son inscription dans la loi de transition énergétique pour la croissance verte de 2015, le concept de sobriété a été largement repris dans la Stratégie nationale bas-carbone adoptée en mars 2020 et commence progressivement à être approprié par des territoires. En effet, plusieurs collectivités et acteurs publics se dotent de stratégies de sobriété locale. C'est notamment le cas du Syndicat mixte du SCOT du Grand Douaisis (Nord), de la Communauté urbaine de Dunkerque (Nord) ou de l'Agence locale de l'énergie et du climat de l'Ardèche, qui mobilisent la sobriété pour mettre en place des politiques et des actions de transition énergétique et d'adaptation au dérèglement climatique.

À l'échelle européenne, le réseau Enough (International Network for Sufficiency Research and Policy) fédère les structures et les personnes travaillant sur le champ de la sobriété.

---

3. Notamment les sociologues Marie-Christine Zélem, Mathilde Szuba, Luc Semal, Bruno Villalba...

4. Association négaWatt, *La Sobriété énergétique. Pour une société plus juste et plus durable*, 2018.

5. The Shift Project, *op. cit.*

6. Labo de l'ESS, *op. cit.*

7. Ademe, *Panorama sur la notion de sobriété*, 2019.

Toutefois, nous sommes encore loin d'une généralisation de la prise en compte de la sobriété dans l'élaboration des politiques publiques. En effet, considérer la sobriété conduit à interroger nos modes de vie, nos normes et nos responsabilités collectives et individuelles, et donc d'une certaine manière à remettre en question le fonctionnement global de notre société, ce qui peut se révéler complexe pour certaines institutions et inacceptable pour certains chantres de la croissance à l'ancienne.

Envisager la transition énergétique et écologique sous l'angle de la sobriété suppose de repenser en profondeur le fonctionnement de notre société et d'agir aussi bien sur le champ individuel que collectif. Mais qui doit être sobre au juste?

Nos modes de vie et comportements individuels reposent en grande partie sur des normes et des cadres imposés par nos systèmes socio-techniques. C'est notre modèle de société qui oriente et conditionne la façon dont nous vivons. L'aménagement du territoire détermine où nous habitons et comment nous nous déplaçons, l'organisation du travail, le temps que nous consacrons à nos proches et aux loisirs, le système monétaire, notre capacité d'achat et d'épargne... Les individus évoluent dans des cadres précis qui exercent une forte influence sur eux. Notre rapport à l'énergie et au monde dépend de constructions culturelles, d'imaginaires, de cadres organisés qui régissent notre façon d'être au monde.

C'est en cela que la sobriété doit être considérée comme une démarche collective, dans la mesure où elle réinterroge l'ensemble de notre modèle de société.

Dans son étude *Faire sa part?*, le cabinet Carbone 4 estime que 75 % de l'effort doit être porté par l'État, les collectivités et les entreprises, et 25 % par les individus eux-mêmes[8].

L'adoption de comportements sobres à l'échelle individuelle est importante, ne serait-ce que pour montrer l'appropriation citoyenne des enjeux énergétiques et climatiques. Cependant, même appropriés par l'ensemble de la population, ils demeurent insuffisants pour réduire massivement les émissions de gaz à effet de serre, si des transformations systémiques plus profondes ne sont pas initiées.

De plus, engager une société sur une trajectoire de réduction énergétique suppose de définir collectivement les modalités du changement, les conditions du vivre ensemble, bref la politique au sens premier du terme : l'organisation de la cité. Renvoyer la réussite de la transition à la seule responsabilité des individus tend à dépolitiser les enjeux de la redéfinition d'un projet de société.

DE L'ÉBRIÉTÉ À LA SOBRIÉTÉ : UN PROJET DE SOCIÉTÉ À CONSTRUIRE

Construire une société sobre en énergie et en matériaux suppose d'interroger la façon dont notre société thermo-industrielle fonctionne à l'heure actuelle, dans ses aspects aussi bien techniques que sociétaux.

---

8. Carbone 4, *Faire sa part ? Pouvoir et responsabilité des individus, des entreprises et de l'État face à l'urgence climatique*, juin 2019.

En questionnant notre rapport au travail, au temps libre, à l'espace, à la possession matérielle, on peut identifier six axes stratégiques transversaux pour sortir de l'ébriété énergétique et engager des transformations sociétales permettant de construire un modèle de société soutenable au regard des enjeux climatiques et énergétiques, et égalitaire au regard des enjeux sociaux et économiques. Nous tenterons ici de traduire en implications pratiques et concrètes chacun de ces axes.

La sobriété en 6 axes stratégiques transversaux : de l'ébriété à la sobriété

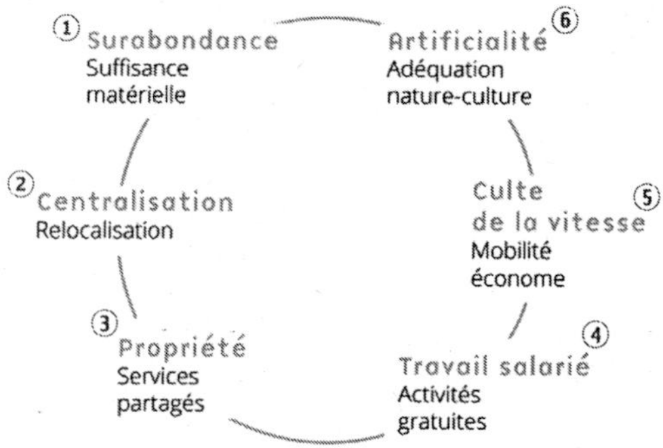

1. Passer de la surabondance à la suffisance matérielle

Partant du constat de l'augmentation croissante des consommations de biens et de services depuis plusieurs décennies, la sobriété implique d'abord de passer de la surabondance à la suffisance matérielle. Selon l'Ademe, non seulement les volumes d'objets augmentent, mais les postes de consommation se modifient en fonction des évolutions sociétales et des normes de confort. Ces cinquante dernières années, les dépenses liées à l'habillement et à l'alimentation ont diminué au profit de celles liées à la communication, à la santé, aux transports et aux loisirs[9]. En 1960, un ménage consacrait en moyenne 38 % de son budget à l'alimentation, 14 % à l'habillement, 11 % au transport et 10 % à la communication, aux loisirs et à la culture. En 2015, un ménage consacrait en moyenne 20 % de son budget à l'alimentation, 9 % à l'habillement, 18 % au transport et 16 % à la communication, aux loisirs et à la culture[10].

Le productivisme et le consumérisme encouragés par le modèle capitaliste entraînent d'importantes consommations énergétiques liées au cycle de vie des objets, allant de l'extraction des matières premières nécessaires à la fabrication jusqu'au retraitement en fin de vie (recyclage, incinération, décharge...).

Cette frénésie consommatrice est étroitement liée à des évolutions culturelles et aux incitations à la consommation entretenues par la culture de l'obsolescence et du renouvellement permanent (injonction à la nouveauté, phénomènes de mode, culture du jetable, crédits à la consommation...).

9. Ademe, *Modélisation et évaluation des impacts environnementaux de produits de consommation et biens d'équipement*, septembre 2018.

10. Insee, enquête budget de famille 2015 ; *id.*, *Cinquante ans de consommation en France*, 2015.

Dès les années 1970, le sociologue Jean Baudrillard décrivait dans son ouvrage *La Société de consommation* comment notre « société des objets » était parvenue à imposer le dogme de l'achat compulsif et du jouir-à-tout-prix par la consommation de biens matériels[11]. La possession de biens est hissée au rang de religion par la publicité qui incite à la consommation en promouvant des imaginaires associant abondance matérielle et bonheur. En achetant une voiture SUV (Sport Utility Vehicle), vous n'achetez pas seulement une voiture extrêmement polluante et surdimensionnée pour vos trajets domicile-travail quotidiens, mais vous devenez également, comme le clame une célèbre marque automobile, un « explorateur urbain ». Il faut savoir que le chiffre d'affaires du secteur de la publicité au niveau mondial était de 486 milliards d'euros en 2018[12], soit 80 % du budget général de la France cette même année. Les dépenses publicitaires du secteur automobile se répercutent directement sur le prix des voitures. Ainsi, dans une enquête de 2010, l'hebdomadaire *Autoplus* estimait que des marques comme BMW et Mercedes, après avoir dépensé respectivement 118 millions d'euros et 67 millions d'euros en publicité, répercutaient ces coûts à hauteur de 2 000 et 1 500 euros sur le prix de vente de chacun de leurs véhicules[13].

11. Jean Baudrillard, *La Société de consommation*, Gallimard, 1970.
12. Magna Intelligence - IPG Mediabrands, IREP.
13. « Pub auto : ce qu'elle vous coûte », *Autoplus*, n° 1114, janvier 2010.

Comme le souligne l'essayiste canado-américaine Naomi Klein, le matraquage publicitaire et le formatage des imaginaires vers le consumérisme génèrent une véritable « dictature des marques[14] ».

Au XIXe siècle, l'économiste américain Thorstein Veblen avait déjà observé l'importance, pour chaque individu, de se situer par rapport à ses congénères par l'intermédiaire de la possession matérielle[15]. Cette « rivalité ostentatoire » susciterait chez les individus de l'envie pour les modes de vie et les possessions matérielles des individus des classes sociales supérieures à la leur.

Au regard de l'urgence climatique, des contraintes énergétiques, des menaces pour la biodiversité et des pénuries à venir de certains matériaux, notre rapport aux biens matériels s'apparente à du gaspillage. Le désir (ou pulsion) de consommation entretient une forme d'individualisme reposant sur une rivalité sociale et économique qui va à l'encontre de la cohésion sociale et de l'intérêt collectif.

Par ailleurs, le besoin des consommateurs de renouveler leurs biens ne relève pas seulement d'un processus psychologique lié à la volonté de posséder, mais est également induit par la faible robustesse et l'obsolescence programmée des produits. La loi du 17 août 2015 relative à la transition énergétique pour la croissance verte définit l'obsolescence programmée comme « l'ensemble des techniques par lesquelles un metteur sur le marché vise

14. Naomi Klein, *No Logo*, Arles, Actes Sud, 2002.

15. Thorstein Veblen, *Théorie de la classe de loisir*, Gallimard, 1970.

à réduire délibérément la durée de vie d'un produit pour en augmenter le taux de remplacement». Depuis la promulgation de cette loi, le recours à cette pratique peut être puni de deux ans d'emprisonnement et de 300 000 euros d'amende, pouvant aller jusqu'à 5 % du chiffre d'affaires moyen annuel du fabricant incriminé.

Enfin, notre système technique et notre organisation sociétale rendent parfois l'acquisition de certains biens incontournable. Il apparaît de plus en plus difficile d'être étudiant et de suivre convenablement ses études sans ordinateur ou encore d'habiter un territoire rural sans disposer d'un véhicule.

Il est également de plus en plus compliqué de pleinement exister socialement sans téléphone, et administrativement sans accès à un équipement informatique et à Internet.

Aussi, une sortie de la société de consommation vers une société de la satiété et du partage ne pourra se faire que par une « décolonisation des imaginaires », ainsi que l'appelle de ses vœux l'économiste Serge Latouche[16].

S'appuyant sur les travaux de l'ethnologue Marcel Mauss dans son *Essai sur le don*, le Mouvement anti-utilitariste en sciences sociales (MAUSS) rappelle que l'on retrouve de manière récurrente l'échange gratuit, le don et le contre-don dans les civilisations humaines[17].

---

16. Serge Latouche, *op. cit.*
17. Dossier « La gratuité. Éloge de l'inestimable », *Revue du MAUSS*, n° 35, premier semestre 2010.

Le non-marchand peut permettre de tisser des liens de solidarité et d'entraide qui constituent de véritables « biens relationnels » dont la valeur s'altère peu avec le temps, à la différence de nos biens matériels courants.

Concrètement, la réduction de la consommation de biens matériels nécessite de repenser les activités marchandes actuelles et d'accélérer le développement de nouvelles activités génératrices d'emplois, notamment celles liées à l'économie circulaire, aux réseaux de réparation, de dons, d'échange et de réemploi. Selon l'Ademe, l'économie circulaire peut être définie comme un système économique d'échange et de production qui, à tous les stades du cycle de vie des biens et services, vise à augmenter l'efficacité de l'utilisation des ressources naturelles et à limiter les impacts environnementaux tout en développant le bien-être des individus[18].

Ainsi, les incitations à la consommation, paradoxales dans un contexte de finitude matérielle, devraient être réduites pour tendre vers la sobriété matérielle. Voici quelques pistes à développer pour parvenir à la suffisance matérielle :

- **L'autolimitation.** Consistant à accepter volontairement de poser des limites aux désirs de consommation matérielle et de « déconsommer », elle apparaît comme une voie pertinente dans un contexte de finitude des ressources matérielles. Il s'agit de privilégier l'être à

18. Ademe, *Économie circulaire : notions*, fiche technique, octobre 2013.

l'avoir en favorisant l'acquisition de ressources « immatérielles » comme la connaissance, les savoir-faire, la solidarité... Cette sobriété volontaire permet d'amortir les chocs économiques et énergétiques à venir en identifiant dès aujourd'hui les biens matériels indispensables à produire et à préserver pour maintenir le bon fonctionnement d'une société.

- **Le développement des réseaux de réparation, d'échange et de dons** afin de diminuer l'usage de l'énergie et des matières entrant dans la fabrication des produits. Selon l'Ademe, « seuls 44 % des appareils qui tombent en panne sont réparés. Pour les appareils hors garantie, les distributeurs estiment à 20 % les interventions qui conduisent à la réparation[19] ». Les causes sont multiples : fragmentation du secteur de la réparation, baisse de la professionnalisation d'un métier en manque de reconnaissance et perte du réflexe de réparer chez le consommateur.
- **Les achats en vrac et l'achat de la quantité juste** plutôt que le « tout emballé », véritables leviers pour réduire les volumes d'emballages générés, notamment dans l'industrie agroalimentaire. L'achat de la quantité juste peut être intéressant pour réduire le gaspillage de médicaments et le déficit de la Sécurité sociale. En effet, selon l'Institut international de recherche anti-contrefaçon de médicaments, un Français gaspillerait

19. Ademe, *Étude sur la durée de vie des équipements électriques et électroniques*, juillet 2012.

en moyenne 1,5 kilogramme de médicaments (non consommés) chaque année[20].

- **Une réglementation européenne et nationale stricte sur la durée de vie des produits au moment de leur conception.** Cela vise à obliger les industriels à fabriquer des objets réparables (et donc à produire des pièces de rechange), à promouvoir la réparation et le réemploi, à développer des points de collecte pour le recyclage des produits, à remplacer les batteries des téléphones et des ordinateurs portables. L'objectif est ici de supprimer le système d'obsolescence programmée.
- **La formation et l'éducation aux techniques conviviales en optant pour l'autofabrication, la réparation et le réemploi.** On oppose ici les techniques conviviales, ou techniques « douces », aux techniques industrielles. Les premières consistent à autonomiser l'individu en lui redonnant la capacité, via certains équipements comme la machine à coudre, le poste à soudure ou encore l'imprimante 3D partagée, de concevoir l'objet dont il a besoin et de pouvoir le réparer sans technique complexe. Cela nécessite de mettre en place des ateliers collaboratifs et d'embaucher des formateurs.
- **Une réglementation sur les volumes d'emballages générés par les industriels** par une limitation des suremballages, la réinstauration de l'usage de la consigne pour réemploi et l'instauration de la consigne

20. Iracm, *Vente de médicaments à l'unité, vrai ou faux danger ?*, janvier 2018.

pour recyclage. Près de 5 millions de tonnes d'emballages ménagers sont jetées chaque année en France, ce qui conduit chaque habitant du pays à trier en moyenne 50 kilogrammes de déchets d'emballages par an[21].

- **Des incitations à la moindre consommation par l'information, via l'étiquetage énergétique, et la taxation de la surconsommation.** L'étiquetage énergétique est une fiche destinée au consommateur qui résume les caractéristiques d'un produit, en particulier ses performances énergétiques et son impact environnemental. Ce dispositif existe pour les appareils électroménagers, les voitures ou encore l'immobilier (sous la forme de diagnostic de performance énergétique). Bien plus qu'une simple étiquette, il informe le consommateur, le responsabilise et le conscientise sur les impacts de son achat. La taxation fait également partie des moyens pour réduire les consommations. Établir une tarification progressive, c'est-à-dire une différenciation du prix selon le niveau de consommation, est une voie pour réduire les surconsommations. Par exemple, les premiers kilowatts ou litres d'eau indispensables à une vie décente peuvent être proposés à un prix modique, accessibles à tous. C'est ce qu'a fait la ville de Dunkerque en mettant en place, en 2013, une tarification éco-solidaire de l'eau pour les habitants les plus démunis. Trois paliers de consommation et de tarification ont été

21. Citeo et Adelphe, *Rapport d'activité 2018*, 2019.

définis : le premier palier, « essentiel », permet un usage jusqu'à 75 m^3 par an et par foyer ; le deuxième, « utile », va jusqu'à 200 m^3 ; et le troisième, de « confort », au-delà de 200 m^3[22]. Les consommations excessives sont ainsi surfacturées.

• **La limitation des incitations à la consommation par une réduction de la place de la publicité dans l'espace public et privé.** L'impact de la publicité sur la consommation d'énergie se fait par les supports énergivores (prospectus, panneaux lumineux, écrans vidéo) qu'elle emploie pour transmettre son message et par son rôle d'incitation à la consommation. Depuis le 1er juillet 2012, les enseignes et publicités lumineuses (type néons, panneaux, vitrines éclairées) ont l'obligation d'être éteintes entre 1 heure et 6 heures du matin, ce qui est actuellement très peu respecté car très peu contrôlé[23]. En ce qui concerne le support papier, l'ensemble des éditions publicitaires (prospectus, catalogues et journaux d'annonces gratuits) représente une consommation annuelle de plus de 1,5 million de tonnes de papier en France, soit un tiers du volume de papier consommé chaque année[24]. En 2020, les associations Greenpeace, Résistance à l'agression publicitaire

22. « Tarification incitative : l'expérience de Dunkerque », *Actu-Environnement*, septembre 2012.

23. Net-iris, *Réforme des règles applicables à la publicité extérieure*, août 2012.

24. « Un tiers du papier imprimé en France est utilisé à des fins publicitaires », notre planète.info, novembre 2010.

et le Réseau Action Climat ont appelé à la mise en place d'une « loi Évin climat » visant à interdire les publicités faisant la promotion de produits néfastes pour le climat (comme c'est déjà le cas pour l'alcool et le tabac), notamment dans les secteurs de l'aérien, de l'automobile, du maritime et des énergies fossiles[25].

2. Décentraliser pour relocaliser

L'analyse de nos systèmes de production énergétiques, de nos activités commerciales, économiques, financières, institutionnelles ou encore industrielles montre que le modèle administratif et urbanistique français tend largement à la centralisation des activités, principalement pour des raisons de facilité organisationnelle.

Il s'agit ici d'interroger le bien-fondé et les avantages des systèmes centralisés. Le modèle énergétique fossile repose sur une production et une transformation des ressources énergétiques au sein de grandes centrales ou d'usines (centrales électriques, raffineries...).

Notre organisation du territoire, héritée de l'abondance énergétique des décennies 1950-1960, a entraîné un étalement des villes et de leurs périphéries vers les espaces ruraux, cela étant rendu possible par la généralisation et la diffusion massive de l'automobile individuelle au sein de la population.

25. Greenpeace, Réseau Action Climat, Résistance à l'agression publicitaire, *Publicité : pour une loi Evin climat*, rapport, juin 2020.

Les commerces, auparavant disséminés en petits pôles, se sont progressivement concentrés dans des zones commerciales, entraînant au passage la désertification de nombreux centres-villes. Il en est de même pour une majorité des activités économiques qui se sont implantées dans des zones industrielles ou des zones d'activités tertiaires, quasi exclusivement accessibles par des infrastructures de transport routier, rendant ainsi les déplacements encore plus dépendants de l'énergie, et en particulier du pétrole.

Une société sobre consisterait à décentraliser et à relocaliser les activités agricoles et industrielles en raccourcissant les distances entre les lieux de production et de consommation, par l'exploitation des ressources locales (ce qui concourt à renforcer l'autonomie et la résilience des territoires) et même par la « démétropolisation » pour aller non plus vers une compétitivité des territoires et des grandes villes entre elles, mais davantage vers l'égalité des territoires (chacun disposant des mêmes services, en limitant les fonctions de centralité)[26]. Il s'agit également de développer les modes de production d'énergie décentralisés via l'installation d'unités de production d'énergie renouvelable au plus près des usagers. Voici quelques pistes à développer pour décentraliser nos organisations collectives:

- **Le délaissement des circuits de la grande distribution au profit des circuits courts de proximité.** Le modèle de la grande distribution, caractérisé par

26. Guillaume Faburel, *Les Métropoles barbares. Démondialiser la ville, désurbaniser la terre*, Le Passager clandestin, 2018.

la profusion des grandes surfaces, s'est construit sur une énergie fossile bon marché permettant le transport à bas coût aussi bien des clients que des marchandises. Après quatre décennies de croissance ininterrompue de la grande distribution, ce modèle semble à bout de souffle. D'une part, l'environnement est devenu ces dernières années une préoccupation importante des Français, or la construction de grandes surfaces nécessite de lourdes infrastructures (lieux de vente, parking, accès routier...) gourmandes en énergie, en foncier et en ressources naturelles. D'autre part, les consommateurs ne semblent plus fascinés par la profusion de grandes surfaces et l'approvisionnement alimentaire devient dès lors une corvée. Pour y remédier, les consommateurs se tournent de plus en plus vers les commerces de proximité, le commerce en ligne et les « drives » automobiles ou piétons. Ces mutations pourraient transformer les centres commerciaux en véritables friches dans un avenir proche. Les effets positifs induits par le développement de ces circuits sont nombreux et viennent justifier le choix stratégique d'un tel report :

– relocalisation des flux économiques liés à l'agriculture, à l'alimentation, voire au tourisme et aux filières bois-énergie, avec des emplois locaux pérennes et non délocalisables ;

– impacts positifs des activités agricoles sur l'environnement, les écosystèmes, l'eau, les paysages, grâce au dialogue recréé entre les agriculteurs et les consommateurs ;

– aménagement du territoire rééquilibré au regard des différentes fonctions de l'espace (nourricière, économique, résidentielle, environnementale), ce qui paraît essentiel dans un contexte de concurrence foncière intense ;

– réponse aux attentes et aux besoins de la population sur la qualité de l'alimentation, le goût, la santé et la qualité de vie de la profession agricole. Toutefois, en termes de consommations d'énergie, les pratiques semblent être perfectibles. Selon l'Ademe[27], plus de proximité ne signifie pas nécessairement toujours moins d'émissions de gaz à effet de serre. Les modes de production, et notamment la culture de produits de saison, sont beaucoup plus déterminants en matière de bilan environnemental que le mode de distribution.

• **La déconcentration des villes, l'autonomie des territoires, notamment les secteurs ruraux.** Selon l'Insee, entre 1990 et 2010, la superficie de l'espace urbain en métropole a progressé de 19 %. Les villes occupent désormais 22 % du territoire et abritent 47,9 millions d'habitants, soit 77,5 % de la population. Cette évolution est marquée par un étalement urbain et une absorption des communes dans de plus grandes unités. L'étalement urbain entraîne une disparition progressive des surfaces agricoles périurbaines et une augmentation de la dépendance aux véhicules motorisés énergivores pour

27. Ademe, *Alimentation : les circuits courts de proximité*, Les avis de l'Ademe, juin 2017.

assurer la mobilité des personnes. On estime que l'équivalent de la superficie d'un département de terres agricoles est artificialisé tous les sept ans.

• **Le renforcement du maillage de transport collectif pour favoriser la mixité fonctionnelle.** Aujourd'hui, la mobilité est principalement assurée par l'automobile. Elle est plébiscitée même pour les petits trajets puisqu'un trajet en voiture sur deux est réalisé sur une distance inférieure à 3 kilomètres. En ville, 60 % des déplacements se font en voiture individuelle, 27 % par la marche, 9 % en transport en commun, 2 % à vélo (en légère progression suite à la crise de la Covid-19) et 2 % à deux-roues motorisés[28]. Pour freiner les consommations d'énergie liées à l'urbanisation, il s'agit de desservir les villes par un maillage de transport collectif et d'encourager le report modal vers le vélo ou la marche. Plutôt que de créer des « zones dortoirs » et des « zones d'activités » séparées qui augmentent les distances à parcourir pour aller d'une fonction à une autre et encouragent l'usage de la voiture, il s'agirait de développer la mixité fonctionnelle. Cela se traduirait par exemple, à l'échelle d'un quartier, par le rapprochement des différentes fonctions de façon que celles qui sont utilisées le plus fréquemment par les habitants soient aisément accessibles à pied ou à vélo à partir des logements.

28. Ademe, *Transports, chiffres clés*, 2018.

- **Le développement de tiers-lieux et d'espaces de travail collaboratif.** Les espaces de travail collaboratif permettent aux travailleurs indépendants de ne pas pratiquer uniquement le télétravail et de trouver des espaces de sociabilité et de mise en réseau avec d'autres travailleurs. Cela peut permettre de réduire les consommations d'énergie et les émissions de gaz à effet de serre liées aux longs déplacements domicile-travail quotidiens, dans la mesure où les tiers-lieux peuvent être plus proches des lieux d'habitation.
- **Le développement de l'économie locale par les monnaies complémentaires.** Les monnaies complémentaires sont un levier fort pour dynamiser l'économie locale. Pour éviter la fuite des capitaux, une solution est d'injecter dans l'économie des monnaies locales complémentaires qui assurent le juste maintien des prix, diminuent notre dépendance à l'égard d'une monnaie unique et atténuent notre vulnérabilité face à l'instabilité des marchés financiers. En revenant à l'objectif premier de la monnaie, à savoir être un simple moyen d'échange, les monnaies locales participent à la relocalisation des échanges économiques, à la création d'emplois locaux et génèrent du lien social de proximité.

3. De la propriété au service partagé

La propriété individuelle est généralement assimilée, dans les sociétés occidentales, à la réussite sociale et à la liberté de consommer et de posséder. Ce modèle repose sur la production et l'acquisition de biens engendrant une facilité organisationnelle, puisque ce qui est possédé est à disposition ici et maintenant. Néanmoins, la propriété ne favorise pas le plein usage. À titre d'exemple, en France, les voitures sont sous-occupées : le taux d'occupation moyen des véhicules par déplacement n'était que de 1,2 personne en 2018, en baisse par rapport à 1994 où il s'élevait à 1,5[29].

En multipliant le nombre de biens possédés par personne, la propriété individuelle augmente les consommations d'énergie et de matière (une perceuse n'est utilisée en moyenne que douze minutes au cours de sa vie et les voitures restent immobiles plus de 90 % du temps). Dans un monde changeant où les habitudes de consommation s'orientent vers un accroissement des renouvellements (habitat, biens matériels, etc.), le modèle de la propriété devient obsolète par rapport aux modifications des modes de vie. Le partage « monétisé » de biens matériels est aujourd'hui un marché émergent. Il s'agit donc de privilégier l'usage à la propriété, notamment par le service partagé.

Les actions de sobriété ici identifiées ont pour point commun la recherche d'une division des consommations d'énergie par la mutualisation, tout en privilégiant une certaine autonomie :

- **La mise à disposition de produits économes, durables et réparables par l'économie de la fonctionnalité.** L'économie de la fonctionnalité décrit le passage de l'achat d'un bien à l'utilisation de celui-ci dans le cadre d'une prestation de service. Le prestataire de services a

29. Ademe, *Consommations de carburant et émissions de CO_2 des véhicules particuliers neufs vendus en France*, 2018.

intérêt à proposer un bien économe en énergie, solide et facile à réparer. Les systèmes de véhicules et vélos en libre-service, les outilthèques/bricothèques ou encore le leasing permettent de limiter le nombre de biens matériels produits en les partageant et en les réparant.

• **La division des consommations par la mobilité partagée : le covoiturage, l'autopartage et les services de véhicules en libre-service** permettent de réduire les consommations énergétiques et de limiter l'engorgement des axes routiers en augmentant le taux d'occupation des véhicules.

• **La mise à disposition d'espaces de production alimentaire collective par la création de jardins partagés.** Sans pouvoir répondre totalement aux besoins alimentaires, les jardins partagés contribuent à assurer une partie de l'approvisionnement alimentaire de manière locale, à générer du lien social et à offrir un contact direct avec la nature.

• **Le développement de structures d'approvisionnement alimentaire collectif par les achats groupés et les cantines de quartier.** Cela permet de mutualiser les achats et de réduire ainsi les consommations d'énergie à l'approvisionnement, mais aussi de diminuer les énergies de stockage froid ou de cuisson, tout en créant un lien social fort et de l'autonomie.

• **La consommation collaborative par le partage de biens matériels et de savoirs.** Les consommations énergétiques et matérielles peuvent être limitées par la mise en place de réseaux de dons, de réparation et d'échange de savoir-faire. Il semble également pertinent de valoriser socialement le partage de biens matériels (équipements électroménagers, etc.) en mutualisant par exemple les lave-linge et les sèche-linge dans les logements collectifs ou les îlots d'habitation en maisons individuelles comme cela se fait déjà au Danemark ou en Suède.

• **Le développement des habitats partagés et la cohabitation.** Il s'agit de mutualiser les espaces et ainsi de réduire la surface moyenne des logements. Un espace mutualisé permet de compenser la réduction de la surface habitable par la mise à disposition d'un espace convivial générant du lien social et intergénérationnel. Des équipements pour la cuisine ou des équipements électroménagers comme le lave-linge ou le sèche-linge, ou encore des outils pour réparer, une bibliothèque et des jeux pour la culture et les loisirs peuvent être partagés entre les occupants. Modulant une organisation entre les habitants, cet espace est aussi le lieu de réception adéquat pour des événements en famille ou entre amis. La colocation permet également de mutualiser les espaces et les équipements et de faire des économies d'énergie. Les évolutions démographiques (vieillissement de la population) et sociétales (recomposition familiale, entrée tardive sur le marché du travail) des cinquante dernières années ont entraîné une mutation des conditions de logement des Français. Selon l'Insee, le nombre de personne par ménage et par logement est passé de 3 personnes en moyenne en 1968 à 2,3 personnes en 2016. À l'inverse, la surface habitable par personne a augmenté, passant de 31 m^2 en 1984 à 40 m^2

en 2016[30]. L'Insee précise que « ces moyennes recouvrent des inégalités entre des ménages plus âgés, occupant, en tant que propriétaires ou locataires, des logements rendus spacieux par le départ des enfants, et les plus jeunes, qui peinent à accéder à la propriété et sont locataires de logements plus petits ».

- **L'augmentation de la part d'achats mutualisés.** Des économies d'énergie pourraient être réalisées en incitant les particuliers et les secteurs privés à faire des groupements d'achats pour des produits de la consommation quotidienne, des matériaux de construction/rénovation ou des systèmes de production d'énergie renouvelable.

4. Dépasser le salariat

Le modèle capitaliste érige le travail en valeur d'émancipation et l'organisation du travail qu'il promeut repose actuellement sur le modèle salarial. Par son activité, le travailleur produit de la richesse et en contrepartie lui est versée une somme d'argent qui lui confère un pouvoir d'achat lui donnant accès à des biens et des services. Ce modèle classique hyper salarial repose sur un travail salarié à temps complet, qui laisse peu de temps disponible pour se consacrer à d'autres activités, elles aussi génératrices de richesses, mais non monétaires, telles que la réhabilitation d'un logement, la culture d'un potager ou encore la cuisine.

---

30. Insee, *Les Conditions de logement en France*, 2017.

Il semble donc pertinent de réévaluer la notion de richesse et de revoir la finalité du travail afin de découpler le lien entre travail/possession matérielle et qualité de vie. Réduire le temps de travail apparaît comme une piste sérieuse dans le cadre d'une société de la sobriété. Pour la sociologue Dominique Méda, l'enjeu est double : cela permettrait, d'une part, que chacun puisse disposer d'un emploi et, d'autre part, que les individus puissent avoir accès à une gamme entière et diversifiée d'activités. Elle rappelle d'ailleurs que le travail n'a pas toujours été considéré comme un vecteur de lien social et de réalisation de soi. La valeur travail, absente des sociétés primitives comme dans l'Antiquité, où le travail était réservé aux esclaves, s'est progressivement structurée au cœur du Moyen Âge pour être véritablement inventée au XVIIIe siècle avec la révolution industrielle[31].

Le temps devient un enjeu majeur pour augmenter les gains de productivité dans un contexte où la société d'abondance doit être de plus en plus satisfaisante. Le « temps » est alors sous contrainte, ce qui amène à opter pour des modes de transport rapides (dont l'emblème est l'avion pour les voyages personnels de longue distance) ou encore des modes de préparation alimentaire rapides (produits transformés).

Partant du constat que le travail salarié tend à déposséder l'individu du résultat et du produit de son travail

31. Dominique Méda, *Travail, la révolution nécessaire*, Éditions de l'Aube, 2010.

comme de son emploi du temps, le philosophe André Gorz propose que l'individu puisse profiter de son temps libéré du travail pour déployer des « auto-activités » non rémunérées qui redonneraient sens à sa vie[32]. Ainsi, la sobriété invite à développer les pratiques liées au « faire soi-même » (façonnage d'objets, réparation, couture, produits ménagers, cuisine...), l'autoréhabilitation de l'habitat (en s'assurant d'une qualité suffisante en termes de performances énergétiques) ou encore l'autoproduction alimentaire.

De plus, le lieu de travail est un pilier organisationnel dans nos modes de vie. L'emplacement du logement dépend fortement du lieu de travail et les déplacements liés au travail sont en constante augmentation. Les emplois sont de plus en plus fréquemment occupés par des personnes résidant sur un territoire extérieur au bassin d'emploi dans lequel elles travaillent. C'est tout particulièrement le cas des territoires attractifs, comme les métropoles, qui créent et abritent un grand nombre d'emplois. Dans un contexte de renchérissement des coûts du transport, il apparaît important d'anticiper des relocalisations d'activités. La pratique du télétravail, largement démocratisée pour certaines professions par la crise sanitaire de la Covid-19, vient également réinterroger notre rapport à l'espace, au foyer, à la technologie et à la frontière entre vie professionnelle et vie privée.

32. André Gorz, *Misères du présent, richesse du possible*, Galilée, 1997.

Concrètement, la transition du modèle hyper salarial à l'autonomie et à l'autoproduction implique de briser la frontière entre les activités marchandes et non marchandes, permettant une conciliation entre vie professionnelle, liberté et autonomie.

Il semble pertinent d'anticiper une requalification des métiers vers des métiers moins dépendants de l'énergie, où le travail manuel retrouverait une place d'honneur, alors que la société actuelle tend à le dévaloriser. Enfin, orienter les modes de gouvernance des entreprises vers le modèle coopératif semble nécessaire pour assurer cette transition.

5. En finir avec le culte de la vitesse

La culture et l'imaginaire collectif contemporains des sociétés occidentales se sont façonnés autour du mythe du progrès technique illimité et de la vitesse, synonymes de toujours plus de puissance, de distance, de rapidité. En réponse à l'intensification, ces dernières décennies, de la mobilité des personnes, des marchandises et de l'information, la sobriété, appliquée aux déplacements, signifierait aussi passer « du culte de la vitesse à la mobilité économe ».

Ce culte de la vitesse, largement dépendant des innovations technologiques, est fortement consommateur d'énergie. Comme le précise le Haut Conseil pour le climat dans son rapport de 2019 : « Le secteur des transports est le seul secteur en France dont les émissions de gaz à effet de serre ont augmenté depuis les années 1990, et constitue le premier secteur émetteur sur le territoire français. Sur la période 1990-2019, les émissions nationales de gaz à effet de serre liées au transport ont augmenté de 9 % tandis que celles des autres secteurs diminuaient de 28 %[33]. La part des transports dans les émissions nationales s'est accrue, passant de 22,7% en 1990 à 30,6% en 2019. Cette dynamique, contraire aux objectifs climatiques, se retrouve dans la plupart des pays européens[34]. » Bien que les véhicules soient de plus en plus efficients, leur poids et leur taille ne cessent d'augmenter. Selon l'Ademe, le poids moyen des voitures de tourisme (modèle le plus vendu actuellement) a augmenté de 60 %, et la largeur de ces véhicules de 10 cm entre 1996 et 2016, passant de 1,68 mètre de large à 1,78 mètre[35]. Cela génère une occupation de l'espace public au profit de l'automobile toujours plus importante, au détriment des autres usages comme le vélo et la marche.

De plus, on constate un véritable effet rebond dans le secteur routier, les personnes ayant tendance à se déplacer plus régulièrement et à aller plus loin. Il en est de même pour le secteur de l'aviation civile, où les avantages fiscaux accordés au kérosène et les modèles économiques low cost rendent les tarifs attractifs et font directement concurrence au train en permettant d'aller plus loin et plus vite pour moins cher. Quant au fret ferroviaire, sa part de marché a été divisée par deux en vingt-cinq ans, malgré des discours politiques annonçant régulièrement sa nécessaire renaissance.

---

33. Citepa, avril 2020.

34. Haut Conseil pour le climat, *Redresser le cap, relancer la transition*, rapport annuel, 2020.

35. Ademe, carlabelling.ademe.fr/chiffrescles/r/evolutionPuissanceMoyenne

Pour quelques minutes ou heures de différence, la course à la rapidité nous entraîne à choisir des modes de déplacement polluants. Pourtant, rapidité ne veut pas dire efficacité.

Comme l'ont démontré Ivan Illich et Jean-Pierre Dupuy, en 1973 : « L'Américain moyen consacre plus de mille six cents heures par an à sa voiture. Il y est assis qu'elle soit en marche ou à l'arrêt ; il la gare ou cherche à le faire ; il travaille pour payer le premier versement comptant ou les traites mensuelles, l'essence, les péages, l'assurance, les impôts ou les contraventions. De ses seize heures de veille chaque jour, il en donne quatre à sa voiture, qu'il utilise ou qu'il gagne les moyens de le faire pour parcourir dix mille kilomètres par an ; cela représente à peine six kilomètres à l'heure[36]. »

En analysant les déplacements par le concept de vitesse généralisée, qui consiste à inclure dans le temps mis pour parcourir une distance le temps passé à travailler pour se payer le déplacement, on constate que la vitesse se heurte à une limite. Cette borne indique que la recherche de moyens de transport de plus en plus rapides peut nous amener, en augmentant le coût de déplacement et donc le temps passé à travailler pour se le payer, à nous ralentir.

Cette volonté du « toujours plus vite, toujours plus loin » n'est pas sans impact sur les consommations énergétiques liées à la mobilité des personnes, des marchandises ou de

36. Ivan Illich, *Énergie et équité*, Seuil, 1973.

l'information, qui sont en constante augmentation alors qu'elles dépendent principalement de ressources fossiles, à l'origine du dérèglement climatique.

De plus, l'accès à la vitesse et à la rapidité ne se fait pas de manière égalitaire. Les travaux des sociologues Yoann Demoli et Jeanne Subtil montrent qu'en moyenne, ces dernières années, les ouvriers représentaient 12,1 % de la population française, mais seulement 2 % des passagers d'avions alors qu'à l'inverse les cadres représentaient 9,4 % de la population et 27 % des passagers d'avions[37]. Ces chiffres sont corroborés par le Commissariat général au développement durable qui observe qu'en 2016, « parmi les ménages dont le niveau de vie est le plus faible, moins d'un quart a pris l'avion au cours de l'année écoulée. Chez les ménages dont le niveau de vie est le plus élevé, cette proportion atteint 49 %[38] ». On retrouve également cette disparité dans l'usage du train à grande vitesse, majoritairement plébiscité pour des voyages professionnels mais aussi personnels par des personnes ayant un niveau d'études équivalant à bac+5[39]. On peut en conclure que la mobilité grande vitesse est une mobilité de classes supérieures.

---

37. Yoann Demoli, Jeanne Subtil, « Boarding Classes. Mesurer la démocratisation du transport aérien en France (1974-2008) », *Sociologie*, vol. 10, n° 2, 2019, p. 131-151.

38. Commissariat général au développement durable, Datalab, *Les Français et la mobilité durable : quelle place pour les déplacements alternatifs à la voiture individuelle en 2016 ?*, septembre 2016.

39. Frédéric Dobruszkes, *Airline and high-speed rail competition in Europe: Towards a comeback of air transport?*, European Regional Science Association, 2010.

Le culte de la vitesse est également renforcé par la digitalisation du monde. La rapidité permise par le numérique impose la fulgurance. Ces dernières années, nous avons basculé dans l'ère de l'instantanéité. Et gare à celui qui ne répondrait pas tout de suite. Se détacher des moyens de communication et d'information revient à s'éloigner de la marche du monde.

À l'inverse, dans une société de sobriété, la lenteur est un rythme à valoriser pour non seulement contrer les méfaits chronophages de nos sociétés actuelles comme l'augmentation constante du temps passé dans les transports[40], mais aussi « cultiver le plaisir du temps » et s'adonner à des activités peu ou moins énergivores comme le bricolage ou le soin à des proches[41]. Le mouvement « Slow » présent dans le monde entier (Slow Food, Slow City...) dénonce le culte de la vitesse et tente de créer de nouvelles organisations collectives et de nouveaux modes de vie capables d'accorder davantage de place à la lenteur pour des vies plus riches[42]. Plusieurs villes moyennes de moins de 50 000 habitants sont réunies au sein du Réseau International des villes du bien vivre, également connu sous le nom de Cittaslow. En signant la « charte pour la ville lente », ces dernières s'engagent à mettre en place des actions favorisant la solidarité, le localisme et le bien vivre[43].

40. Jean Robert, *Le Temps qu'on nous vole. Contre la société chronophage*, Seuil, 1980.
41. Thierry Paquot, *L'Art de la sieste*, Zuma, 2008.
42. Carl Honoré, *Éloge de la lenteur*, Marabout, 2005.
43. www.cittaslow.org

Les actions de sobriété identifiées pour réduire les consommations liées à la mobilité prônent le contact, la proximité et le ralentissement. Cela se traduit notamment par le développement du tourisme local, une diminution des vitesses de déplacement et de la taille des véhicules, ainsi qu'un recours accru aux modes doux. D'autres pistes, comme la valorisation de certains services qu'on croyait voués à disparaître tels les trains de nuit, sont également à considérer pour repenser les pratiques de mobilité.

Pour la mobilité liée au travail, les actions de sobriété identifiées sont la relocalisation des activités afin de diminuer les déplacements, l'augmentation de la proportion de personnes exerçant leur activité en télétravail, ou encore la multiplication des espaces de travail collectif.

6. Refonder notre rapport à la nature

L'Anthropocène résulte de l'impact des activités de l'Homme sur l'équilibre de la biosphère.

L'action de l'espèce humaine constitue une véritable force géophysique agissant sur la planète via la déforestation, les forêts artificielles, l'agriculture, l'urbanisation, la fragmentation écologique, la réduction ou la destruction des habitats, la surpêche, la pollution de l'air, le déstockage des ressources fossiles enfouies (charbon, pétrole, gaz naturel).

Cela se traduit notamment par une dissociation entre les usages de l'énergie et sa réalité matérielle. Les ressources énergétiques, bien que disponibles en quantités restreintes, sont trop souvent considérées comme un dû. Hormis l'énergie, la distinction entre « nature » et « culture » se reflète également dans notre rapport à l'alimentation. En agriculture intensive, l'utilisation de produits chimiques (semences, engrais, pesticides), dont certains sont obtenus à partir de ressources fossiles, montre la volonté de contrôle de l'Homme sur la nature. Plusieurs faits illustrent les conséquences de cette vision anthropocentrée : l'étalement urbain, l'usage intensif de produits chimiques de synthèse en agriculture et une alimentation transformée peu représentative des disponibilités locales et de la saisonnalité.

La croissance et la compétitivité semblent donc se construire par la déconstruction du patrimoine naturel. Partant de ces constats, il apparaît important de proposer des actions qui réintroduisent une transversalité entre la nature et la culture afin d'atténuer les conséquences néfastes de l'influence de l'Homme sur le système terrestre. Les enjeux sont autant d'ordre socioéconomique, car le modèle d'abondance des ressources énergétiques tend vers la confrontation aux limites et l'augmentation des coûts, que sanitaire (alimentation, santé, pollution...).

Les actions concrètes de sobriété identifiées visent à optimiser l'utilisation des ressources biologiques, énergétiques et des matières premières. Refonder notre rapport à la nature peut passer par un usage réaffirmé et renforcé des énergies de flux (énergie solaire, énergie éolienne, hydroélectricité, biomasse, géothermie...), l'alimentation biologique, locale et de saison, l'adoption d'un régime alimentaire plus végétal, l'économie circulaire, la réduction de la place accordée à l'automobile, ou encore le développement des low-tech, c'est-à-dire des technologies plus simples, modulables et plus facilement recyclables que celles relevant de la high-tech[44]. L'enjeu réside dans une conception plus durable des technologies et dans l'usage que l'on en fait : utilisation réduite, dimensionnement ajusté, partage des équipements… Dans une posture ni technophile ni technophobe, il s'agit d'avoir une réflexion critique mais constructive pour réussir à combiner low-tech et high-tech, favoriser la capacité à faire soi-même (plutôt qu'à « faire faire » par une machine) ou encore limiter les effets néfastes des moyens de contrôle technologiques de nos comportements et habitudes de consommation (objets connectés à Internet et utilisation des données à des fins commerciales).

Pour l'alimentation, la sobriété consiste à privilégier une alimentation biologique, locale et de saison, où le régime carné et la consommation de produits transformés sont réduits. Tendre vers une agriculture biologique permettrait de réduire l'usage des produits chimiques tels que les engrais et les pesticides tout en assurant un maintien de la qualité des sols. Les espaces d'autoproduction alimentaire sont aussi un levier pour, si ce n'est pouvoir alimenter totalement la population, contribuer à renouer un lien avec la terre.

L'économie circulaire et l'écologie industrielle sont autant de leviers pour tendre vers des activités économiques et commerciales générant moins d'externalités négatives. Des reconversions de friches commerciales ou industrielles, apparues suite aux chocs énergétiques, sont également à prévoir. En termes d'aménagement du

44. Philippe Bihouix, *L'Âge des low tech. Vers une civilisation techniquement soutenable*, Seuil, 2014.

territoire et des villes, la sobriété induit la réduction de la place accordée à la voiture individuelle, le frein à l'étalement urbain, la limitation des éclairages publics ou encore la transformation ou la suppression de certains tronçons routiers. Les évolutions liées aux changements climatiques incitent également à prendre en compte l'évolution du trait de côte (intersection de la terre et de la mer) et à anticiper les migrations au sein du territoire.

Ces propositions montrent la richesse et la diversité des pratiques possibles pour tendre vers la sobriété. Celles-ci concernent autant l'individu, au travers de ses usages de l'énergie et des imaginaires qui les conditionnent (le rapport au temps, à la propriété, la conception du travail, etc.), que les modes d'organisation collective (aménagement du territoire, conception des produits industriels, distribution des produits alimentaires, etc.). Mettre en pratique la sobriété demeure néanmoins complexe. C'est un processus long qui implique de prendre en compte les inerties face au changement, les nouveaux imaginaires (en lien notamment avec l'usage des technologies) et l'hétérogénéité des pratiques.

Si ces pratiques venaient à être mises en œuvre, quels en seraient les effets potentiels en termes d'économies d'énergie ? En termes de santé, d'emplois, de lien social ?

DES COBÉNÉFICES SANITAIRES IMPORTANTS

Notre système thermo-industriel génère de nombreuses pollutions qui viennent perturber les écosystèmes et les cycles naturels (eau, carbone, azote, phosphore) et font peser d'importants risques sanitaires sur les êtres vivants.

De nombreuses solutions de sobriété permettent des bénéfices sanitaires qu'il est important de confronter aux externalités négatives de notre modèle actuel.

La pollution atmosphérique apparaît comme l'un de ces risques. La plupart des secteurs d'activité contribuent à la pollution atmosphérique en émettant des substances dans l'air et dans l'environnement : les activités industrielles, les transports de personnes et de marchandises, les bâtiments, l'agriculture (épandage)... Les sources d'émissions peuvent être fixes (usines) ou mobiles (véhicules, avions). La pollution atmosphérique a des conséquences néfastes sur la santé humaine. Certaines personnes peuvent être affectées par des niveaux de pollution très bas, notamment les populations dites « sensibles » comme les personnes âgées, les nourrissons et les enfants en bas âge, les femmes enceintes, les personnes souffrant de pathologies cardio-vasculaires et d'insuffisance cardiaque et respiratoire. Face à cet enjeu sanitaire, les pouvoirs publics définissent des niveaux de pollution au-delà desquels des actions temporaires ou permanentes de réduction des émissions doivent être mises en œuvre. L'Organisation mondiale de la santé (OMS) a établi des seuils de pollution à ne pas dépasser, mais ceux-ci sont rarement respectés en France. Elle estime aussi que près de cinq à sept mois d'espérance de vie pourraient être gagnés pour les habitants des grandes agglomérations françaises si les niveaux moyens de pollution pour les particules les plus fines (PM 2,5) correspondaient aux seuils limites préconisés.

Selon l'Agence européenne de l'environnement, les pollutions atmosphériques sont responsables de 7 millions de morts dans le monde chaque année, dont 500 000 en

Europe, 48 000 en France (9 % de la mortalité) et, à titre d'exemple, 6 500 dans la région Hauts-de-France (13 % de la mortalité à l'échelle régionale, 14 % à l'échelle de la métropole lilloise)[45]. En France, les coûts de santé liés à la pollution de l'air sont estimés à 100 milliards d'euros par an, notamment à cause des allergies respiratoires qui touchent 30 % de la population adulte et 20 % des enfants[46]. La France a été plusieurs fois condamnée par la Cour de justice de l'Union européenne pour avoir dépassé « de manière systématique et persistante » les normes de l'OMS en ce qui concerne le respect de la qualité de l'air[47].

Limiter l'usage des transports fonctionnant aux énergies fossiles grâce au covoiturage, à l'autopartage ou en valorisant les transports en commun, l'usage du vélo et la marche est une composante essentielle de la lutte contre les maladies respiratoires. La limitation des épandages agricoles permettrait également de réduire la pollution atmosphérique.

Un autre risque réside dans la contamination des populations par les pesticides et dans la consommation de produits transformés. En valorisant une agriculture biologique sans engrais d'origine chimique et la consommation de produits alimentaires locaux, de saison, moins transformés

45. Agence européenne de l'environnement, *Air quality in Europe*, rapport, 2019. https://www.eea.europa.eu/publications/air-quality-in-europe-2019
46. Sénat, *Pollution de l'air : le coût de l'inaction*, rapport, juillet 2015.
47. CJUE 24 oct. 2019, aff. C-636/18.

et moins carnés, la sobriété invite à réinterroger nos régimes alimentaires en faisant prendre conscience de leur impact sanitaire et environnemental. En effet, les impacts sanitaires négatifs du système agro-industriel sont nombreux (apparition de cancers liés aux pesticides chez les agriculteurs et leurs riverains, apparition de cancers « alimentaires », maladies cardio-vasculaires, diabète, obésité chez les consommateurs de produits transformés).

La production industrielle de biens matériels est elle aussi très polluante et présente de nombreux risques sanitaires. Par exemple, la production textile, grande consommatrice de produits chimiques, provoque des problèmes dermatologiques et respiratoires. Elle est reconnue comme activité cancérogène[48]. De la même manière, l'industrie cosmétique fait appel à de nombreuses substances chimiques dont les effets en tant que perturbateurs endocriniens sont suspectés, voire avérés[49]. Celles-ci provoquent des déséquilibres hormonaux à l'origine de diverses maladies, dont le cancer du sein. Ce constat encourage les pratiques de réemploi, de mutualisation et d'autoproduction.

L'utilisation accrue de matériels électroniques n'est pas non plus sans conséquence sur la santé. En effet, l'industrie électronique mobilise énormément de produits chimiques

48. https://www.asef-asso.fr/production/les-vetements-quand-les-toxiques-se-cachent-la-synthese-de-lasef/

49. Marine Jobert, François Veillerette, *Perturbateurs endocriniens. La menace invisible*. Buchet/Chastel, 2015.

et de matériaux qui, en plus d'être en quantités limitées, sont souvent toxiques et polluants (cadmium, plomb, mercure, PVC...). L'hypersensibilité électromagnétique est l'une des manifestations de cette toxicité, ce qui invite à questionner nos usages quotidiens des téléphones portables et de tout appareil utilisant des ondes wifi (extinction la nuit, exposition limitée des enfants en bas âge). De plus, les équipements électroniques, notamment les écrans, auraient des effets néfastes sur les capacités de concentration et de socialisation des jeunes enfants[50].

D'une manière générale, les principes de sobriété ont tendance à valoriser des modes de vie plus actifs (vélo, jardinage, bricolage...) qui peuvent être une réponse pour limiter les problèmes d'obésité et les maladies cardiovasculaires liés à une trop grande sédentarité.

DES GISEMENTS D'EMPLOIS À EXPLOITER

La transition énergétique et les modifications sociétales sous-tendues par la sobriété ont déjà des impacts sur le marché de l'emploi et en auront davantage dans les années à venir. Selon l'Organisation internationale du travail, la transition bas-carbone permettrait la création nette de 18 millions d'emplois d'ici à 2030[51]. En France, les études et les scénarios de transition énergétique évoquent une

50. Michel Desmurget, *La Fabrique du crétin digital*, Seuil, 2019.
51. Organisation internationale du travail, *World Employment and Social Outlooj: Trends 2018*, 2018.

création potentielle allant de 280 000 à 400 000 emplois à l'horizon 2030[52].

Actuellement, 3,8 millions de Français travaillent dans des secteurs liés à l'économie verte[53], et 1,1 million de personnes en Europe dans le secteur des énergies renouvelables[54]. La transition énergétique génère des emplois non délocalisables car elle s'appuie sur la création de filières locales et crée de la richesse pour les territoires. Le développement des filières d'énergies renouvelables rend les territoires beaucoup moins dépendants des importations d'énergie, ce qui leur permet de réduire drastiquement leur facture énergétique. En 2019, la facture liée à l'approvisionnement énergétique de la France s'élevait à 44,7 milliards d'euros (21,8 milliards d'euros pour le pétrole brut, 14 milliards d'euros pour les produits raffinés et biocarburants, 8,6 milliards d'euros pour le gaz naturel, 0,3 milliard d'euros pour le charbon)[55], autant de capitaux quittant le territoire national pour l'importation de ressources énergétiques.

Les travaux de l'économiste Philippe Quirion ont notamment permis de montrer que les filières de la transition énergétique (rénovation des bâtiments, développement

52. Ademe, *Évaluation macroéconomique des visions énergétiques 2030-2050*, 2014 ; négaWatt, *op. cit.* ; programmation pluriannuelle de l'énergie 2016.

53. Observatoire national des emplois et métiers de l'économie verte, *Rapport d'activité 2016*, document de travail n° 33, mai 2017.

54. EurObserv'ER Report, *The State of Renewable Energies in Europe 2015*, 2016.

55. Commissariat général au développement durable, *Bilan énergétique de la France en 2019. Données provisoires*, avril 2020.

des modes doux, économie circulaire, énergies renouvelables...) génèrent davantage d'emplois que les filières liées aux énergies fossiles et fissiles. Un investissement de 1 million d'euros permet de créer 16 emplois dans le bâtiment ou 14 dans les énergies renouvelables, contre seulement 6 dans les secteurs carbonés et nucléaires[56].

Un virage énergétique favorisé par des transformations sociétales pourrait générer de nombreux emplois. Malgré des pertes importantes d'emplois liées à une moindre consommation de biens et de services, la relocalisation des productions agricoles et industrielles et la revitalisation des commerces et services de proximité contribueraient à créer des emplois. En ce qui concerne les agriculteurs, ils pourraient être rémunérés par une « prime carbone » afin de garantir la préservation des puits de carbone et l'adaptation de leurs modes de production. Les autres secteurs potentiellement créateurs d'emplois dépendront des investissements d'efficacité énergétique (industrie et rénovation thermique des bâtiments), des évolutions du mix énergétique (installation, maintenance) et du développement des activités de service de « bien-être » (services à la personne, soins, social, éducation, environnement).

Réorienter les emplois industriels vers des emplois agricoles, développer les commerces et services de proximité, rénover le parc de bâtiments, mettre en service de

56. Quentin Perrier, Philippe Quirion, « La transition énergétique est-elle favorable aux branches à fort contenu en emplois ? », *Revue d'économie politique*, vol. 127, n° 5, 2017, p. 851-887.

multiples technologies renouvelables, ou encore réduire le temps de travail salarié au profit des activités gratuites, tout cela demandera une profonde mutation de l'emploi, la mise en place de formations et le développement de nouvelles compétences qu'il convient d'anticiper et d'organiser dès aujourd'hui. Cette mutation du marché de l'emploi suppose de questionner le métier, les conditions de travail, les savoir-faire et les qualifications, plutôt que de se focaliser sur le seul chiffrage de l'emploi. Il n'existe actuellement aucune quantification globale du nombre d'emplois que générerait le passage à une société sobre. Il semble donc difficile d'évaluer l'impact de la création de nouvelles activités et de la réduction du temps de travail sur le marché de l'emploi et d'estimer si ces évolutions pourraient venir compenser les emplois amenés à disparaître dans les secteurs énergivores.

Toutefois, l'Agence internationale pour les énergies renouvelables estime qu'à l'horizon 2050 les pertes dans le secteur des énergies fossiles au niveau mondial pourraient être de l'ordre de 6 à 8 millions d'emplois. Le secteur du nucléaire pourrait également perdre entre 150 000 et 300 000 postes au regard de la non-rentabilité de la filière et du développement des énergies renouvelables[57].

Une transition énergétique juste et inclusive passe par une requalification pour les employés des secteurs les plus impactés. La reconversion des employés du secteur

57. Irena, *Global Renewables Outlook: Energy transformation 2050*, 2020.

des énergies fossiles et fissiles doit être anticipée afin de limiter la casse sociale et d'inscrire pleinement la transition énergétique dans une logique de justice sociale.

UNE SOCIÉTÉ DU BIEN VIVRE

En réduisant les effets sanitaires et environnementaux néfastes de notre société thermo-industrielle, la sobriété permet un accroissement de la qualité de vie.

La définition de nouveaux indicateurs de richesse non monétaire pourrait permettre de construire un cadre de pensée renouvelé pour « évaluer » les retombées positives de la sobriété. Ces indicateurs attesteraient des bénéfices d'une société de satiété (consommatrice de la juste quantité d'énergie) en termes de santé physique et mentale, de qualité environnementale, de lutte contre les inégalités et de justice sociale...

Depuis l'après-guerre, la société de consommation a véhiculé l'idée qu'il était possible de s'épanouir par l'accumulation de biens matériels. Mais en réalité, ce mécanisme aurait plutôt tendance à entraîner un cercle vicieux de désir et de frustration[58]. Toutefois, il faut reconnaître le rôle majeur qu'a pu jouer la diffusion de certains biens de consommation dans l'émancipation de la condition féminine. En effet, les gains de temps apportés par certains appareils électroménagers (lave-linge, micro-ondes, voiture

58. Anthony Galluzzo, *La Fabrique du consommateur. Une histoire de la société marchande*, Zones, 2020.

individuelle...) ont facilité l'accès au salariat et l'indépendance financière de nombreuses femmes. Une société de sobriété doit promouvoir l'égalité femme-homme et ne devrait en aucun cas remettre en question les droits des femmes acquis ces soixante dernières années. Alors que Jean Baudrillard dénonce ce mythe, la sobriété de partage peut offrir une alternative pour développer les éléments nécessaires à cet épanouissement.

Ce n'est pas un hasard si des auteurs tels que Pierre Rabhi parlent d'une « sobriété heureuse[59] ». Quand l'individualisme propre au capitalisme moderne a plutôt tendance à encourager le repli sur soi, la sobriété, au contraire, encourage à s'ouvrir aux autres pour collaborer, à multiplier les pratiques plutôt que de se spécialiser.

Enfermé dans la technique et dans la délégation, cantonné à des tâches limitées, l'Homme ne pourrait pas s'épanouir convenablement. Cela pourrait expliquer le fort sentiment de frustration présent dans les sociétés modernes.

La convivialité est un principe maître de la sobriété, elle a été théorisée par Ivan Illich : « J'appelle société conviviale une société où l'outil moderne est au service de la personne intégrée à la collectivité, et non au service d'un corps de spécialistes. Conviviale est la société où l'homme contrôle l'outil[60]. » Elle permet de s'émanciper des systèmes sociotechniques en encourageant les personnes à s'épanouir en accomplissant les choses elles-mêmes et en partageant

59. Pierre Rabhi, *Vers la sobriété heureuse*, Arles, Actes Sud, 2013.
60. Ivan Illich, *La Convivialité*, Seuil, 1973.

leurs savoir-faire et connaissances avec autrui. La sobriété permet de recréer du lien entre les personnes, notamment via les pratiques de mutualisation et d'échange. Elle tend à substituer le développement de nouvelles solidarités aux services rendus par l'énergie. Toutefois, cela suppose de repenser nos pratiques, notre rapport au temps, à la vitesse, à la technologie, ce qui peut être vécu comme une forme de renoncement au confort et à la praticité par certaines personnes.

ACCROÎTRE LA RÉSILIENCE EN CAS DE CRISE

En 2020, la pandémie mondiale de la Covid-19 et la crise sanitaire qui s'en est suivie nous ont montré que le scénario du pire pouvait parfois advenir. Les pouvoirs publics se doivent alors d'être prêts à réagir rapidement pour assurer une continuité des services de santé, des transports en commun, d'approvisionnement alimentaire, d'éducation, d'administration... L'activité économique doit savoir s'adapter à ces crises pour se poursuivre, ou bien se mettre à l'arrêt tout en garantissant la satisfaction des besoins de première nécessité de l'ensemble des habitants. On peut rapprocher cette crise sanitaire de ce que serait probablement une crise énergétique qui entraînerait une rupture d'approvisionnement et qui aurait des impacts importants sur le fonctionnement de notre société. Nos vies quotidiennes s'en trouveraient profondément modifiées, et de nouveaux systèmes devraient être mis en place pour maintenir un fonctionnement minimal.

Il est primordial d'initier une réflexion sur les causes possibles d'une rupture d'approvisionnement énergétique, sur les effets potentiels et sur les actions à mettre en œuvre localement, afin que les acteurs publics ou privés s'emparent de cette potentialité. L'Agence internationale de l'énergie s'est intéressée à ce sujet en 2011 à la suite de nombreuses catastrophes naturelles (typhons en Asie, incendies aux États-Unis, tremblements de terre au Chili et en Nouvelle-Zélande) et industrielles (accident nucléaire de Fukushima au Japon) ayant entraîné des ruptures énergétiques[61]. L'élaboration de scénarios de rupture énergétique vise à étudier les interdépendances entre les infrastructures cruciales : approvisionnement en pétrole et en gaz, production d'électricité, moyens de communication, transport, eau, soins médicaux, banques et finances, services administratifs...

Des ruptures énergétiques surviennent régulièrement, même si les médias en rendent assez peu compte. L'État de Californie, l'un des territoires les plus riches du monde, connaît souvent des black-out, des ruptures d'électricité liées à des surconsommations et à des défauts d'approvisionnement du réseau. Quand cela se produit, des mesures de rationnement sont mises en place et les Californiens sont invités à n'utiliser que les appareils indispensables pour satisfaire leurs besoins primaires...

61. Agence internationale de l'énergie, *Saving Electricity in a Hurry: Update 2011*, 2011.

Sommes-nous également menacés par un risque de rupture énergétique aujourd'hui en France ? Chaque hiver, nous ne passons pas loin de la rupture d'approvisionnement quand les Français rentrent chez eux à la même heure et que des millions de systèmes de chauffage et d'appareils électriques s'allument en même temps. EDF, principale entreprise de fourniture d'électricité, avertit alors que des défauts d'alimentation sont possibles et que, dans ce cas, les industries et les entreprises les plus consommatrices en énergie et les moins stratégiques sont susceptibles d'être déconnectées du réseau afin d'approvisionner la population. Les populations sont également invitées à limiter leurs usages énergétiques, et les collectivités incitées à appliquer des mesures de sobriété (réduction de l'éclairage public, arrêt de lignes de métro...)[62]. Hors période de guerre, un défaut d'approvisionnement en énergie ne s'est jamais produit en France, mais il paraît légitime de se demander quelles pourraient être les conséquences d'une rupture énergétique nette sur le territoire national.

En effet, des chocs énergétiques ont déjà eu lieu par le passé et ne manqueront pas de se reproduire dans les décennies à venir. Des enseignements peuvent être tirés de ces événements. Par exemple, les chocs pétroliers de 1973 et 1979 ont entraîné un défaut d'approvisionnement en pétrole de plusieurs pays occidentaux, qui ont dû mettre en place des mesures pour rationner l'utilisation de cette

62. Association négaWatt, *La Maîtrise de la consommation d'électricité, levier pour fermer les dernières centrales à charbon ?*, note d'analyse, juin 2019.

source d'énergie. La Grande-Bretagne et les Pays-Bas ont eu recours à différents dispositifs. Comme l'expose la sociologue Mathilde Szuba dans ses travaux, le gouvernement britannique de l'époque a mis en place la semaine de travail de trois jours afin de permettre à chaque entreprise de fonctionner à tour de rôle et ainsi de maintenir une activité économique minimale, les commerces d'alimentation étant les seuls autorisés à rester ouverts tous les jours. Le gouvernement néerlandais a, quant à lui, interdit la circulation des véhicules non prioritaires (sauf services de secours et police) le dimanche, ce qui a contribué en partie à une redécouverte de la bicyclette par la population néerlandaise, avec le succès qu'on lui connaît aujourd'hui[63]. Ces exemples montrent que des sociétés peuvent s'adapter très rapidement à des situations de rupture énergétique en mettant en place des politiques de sobriété. Ces dernières ont d'ailleurs été plutôt bien acceptées par la population.

Plusieurs facteurs sont susceptibles de provoquer une rupture de l'approvisionnement énergétique : accident nucléaire, attentat terroriste sur un lieu de production/ d'acheminement énergétique, blocage de l'approvisionnement et hausse des prix du pétrole, du gaz et de l'uranium par les pays producteurs, conflit géopolitique, grève des acteurs de la chaîne d'approvisionnement, événement climatique extrême...

63. Mathilde Szuba, « Le rationnement, outil convivial », *in* Agnès Sinaï et Mathilde Szuba (dir.), *Gouverner la décroissance. Politiques de l'Anthropocène III*, Presses de Sciences Po, 2017.

Une rupture énergétique de long terme pourrait avoir les impacts suivants pour nos sociétés : déplacements des personnes et des marchandises limités, problèmes sanitaires liés au manque d'accès à l'hygiène, rupture de confort thermique (chaud et froid), problèmes de communication, rupture d'approvisionnement en eau potable, en nourriture, en médicaments et en soins, problème de gestion urbaine (traitement des eaux usées, ramassage des déchets), tensions sociales, insécurité... Dans de tels cas de figure, la sobriété s'imposerait d'elle-même et les mesures suivantes pourraient s'appliquer pour réduire au maximum les consommations énergétiques : mutualisation des véhicules, alternance de circulation, report modal vers la marche et le vélo, limitation des vitesses, gratuité et augmentation des fréquences de transports en commun, cadencement de l'éclairage public.

Les biens matériels, l'alimentation et les espaces pourraient faire l'objet de mesures de rationnement et de mutualisation afin d'assurer à tous l'accès à un minimum vital de ressources. Cela impliquerait le rationnement en eau, en nourriture, en médicaments, ainsi que la mutualisation des équipements et des bâtiments (pour limiter les consommations de chauffage/climatisation)...

À long terme, un des enjeux de la sobriété face aux crises énergétiques et sociales est de décentraliser les modes de production d'énergie, de relocaliser une partie des productions agricoles et industrielles et de diversifier les modes de vie tout comme les modes de production. De telles orientations politiques et culturelles répondent aux faiblesses du « monopole radical » décrit par Ivan

Illich[64]. Ce « monopole radical » désigne la domination d'un type de produit sur tout un pan des activités humaines, qui peut aller jusqu'à faire oublier aux individus que d'autres fonctionnements sont possibles. Cette concentration technique, industrielle ou agricole engendre la faiblesse du système, voire sa contre-productivité.

La diversification des modes de vie comme des modes de production d'énergie fait donc figure de levier pour accroître la résilience du socio-système énergétique. Une telle décentralisation permettrait de diversifier les sources d'approvisionnement en énergie tant dans l'espace (par une plus grande répartition territoriale) que dans la nature même des sources d'énergie : vent, bois, solaire, etc. Cette diversification spatiale et physique est un facteur de résilience du système d'approvisionnement énergétique en cas de crise.

La crise climatique que nous traversons doit nous inciter à nous adapter rapidement pour atténuer les conséquences certaines qui affecteront le fonctionnement de nos sociétés. Afin d'anticiper dès aujourd'hui les chocs futurs, il faut initier une sobriété désirable et juste pour rendre nos modes de vie résilients.

64. Ivan Illich, *La Convivialité*, *op. cit.*

IV. LA SOBRIÉTÉ : AU-DELÀ DES IDÉES REÇUES

ÉNERGIE ET PROSPÉRITÉ

La sobriété ne consiste pas à revenir à la bougie ou à la charrette. Bien au contraire, elle est un moyen de réinterroger notre rapport à l'énergie, à la croissance, à la richesse, à la qualité de vie. La richesse peut-elle se mesurer en fonction des quantités d'énergie que nous consommons ?

Actuellement, la richesse se mesure par le produit intérieur brut (PIB). Cet indicateur développé dans les années 1930 vise à évaluer la production de richesses économiques annuelles d'un pays. Si on pouvait intuitivement penser que la richesse était liée à la croissance économique et donc à l'utilisation de ressources énergétiques, il n'en est rien en réalité. En effet, depuis la fin des années 1970, la croissance économique des pays occidentaux stagne entre 1 et 2 % et les émissions de gaz à effet de serre ainsi que les consommations d'énergie peinent à décroître. Les externalités négatives se multiplient, ce qui devient contre-productif. Comme le souligne le Haut Conseil pour le climat : « L'accumulation de richesses au cours du XXe siècle s'est faite à travers une quantité croissante d'utilisation des ressources naturelles, multipliée par 23 de 1990 à 2010.

Elle pourrait encore tripler d'ici à 2050[1]. » Tout l'enjeu de la transition énergétique et écologique est de garantir une qualité de vie des populations tout en limitant l'usage de ressources naturelles.

La prospérité doit être repensée à l'aune d'une a-croissance économique. Dans son ouvrage *Prospérité sans croissance*, l'économiste britannique Tim Jackson propose une nouvelle manière de penser la prospérité, loin de l'imaginaire d'abondance matérielle actuel. Selon lui, la prospérité désigne « quand les choses vont bien pour nous, en conformité avec nos espoirs et nos attentes[2] ». Dans un monde limité, les espoirs et les attentes des populations humaines pourraient tout aussi bien être fondés sur une certaine « frugalité », une limitation des besoins matériels ne nécessitant pas de croissance économique. Pour mesurer la prospérité d'une population, il propose de mettre en place des indices d'épanouissement personnel plutôt que de tout miser sur le PIB. C'est également ce que tend à montrer l'économiste Éloi Laurent quand il dit que « le PIB est borgne quant au bien-être économique, aveugle au bien-être humain, sourd à la souffrance sociale et muet sur l'état de la planète[3] ».

En France, les économistes Jean Gadrey et Florence Jany-Catrice ont décrit les limites et les effets pervers du

1. Haut Conseil pour le climat, *op. cit.*

2. Tim Jackson, *Prospérité sans croissance. La transition vers une économie durable*, De Boeck, 2010.

3. Éloi Laurent, *Sortir de la croissance : mode d'emploi*, Arles, Actes Sud, 2019.

PIB comme seul indicateur aujourd'hui adopté par la sphère politique et économique[4]. Le taux de croissance du PIB, centré sur la seule création de richesse monétaire via la production de biens et de services, s'avère incapable de traduire à lui seul le niveau de richesse et, a fortiori, de bien-être d'une population. Depuis la crise économique du début des années 1970, on constate un décrochage du niveau de croissance et une dégradation des indicateurs sociaux (chômage, pauvreté…) dans les pays occidentaux. Depuis les années 1980, d'autres indicateurs de richesse sont proposés par des chercheurs, parmi lesquels l'indice de développement humain prenant en compte l'espérance de vie et le niveau d'éducation, ou encore le BIP 40, un baromètre tentant de mesurer les inégalités et la pauvreté en France.

Éloi Laurent montre également qu'il n'y a pas de lien absolu entre croissance économique, élévation des niveaux de vie et régimes démocratiques : « Il existe des pays immensément riches mais non démocratiques et qui ne montrent aucune velléité de le devenir (Arabie Saoudite, Singapour), des pays relativement pauvres qui le sont (Inde, Ghana) et toute une palette de situations intermédiaires[5]. » Comme l'atteste la situation vénézuélienne, l'accès aux ressources énergétiques n'est pas un gage de prospérité ni de progrès

4. Jean Gadrey, Florence Jany-Catrice, *Les Nouveaux Indicateurs de richesse*, La Découverte, 2016.
5. Éloi Laurent, *op. cit.*

social et démocratique. Et de conclure que, « dans un monde plus chaud de 3 °C, un produit intérieur brut plus élevé de 3 % n'a aucune espèce d'importance ».

Faire advenir une société sobre suppose de revoir en profondeur notre définition de la richesse et d'effectuer un virage vers une « comptabilisation » de la qualité de vie plutôt que des échanges économiques. Cela implique de définir de nouveaux indicateurs à même de mieux rendre compte de la prospérité et du bien-être des populations.

LA SOBRIÉTÉ N'EST PAS LA PAUVRETÉ

La sobriété nécessite de déterminer le niveau d'énergie nécessaire à la satisfaction des besoins fondamentaux. En effet, parler d'économies d'énergie suppose de définir un niveau de consommation de référence à ne pas dépasser.

Dans son ouvrage *Âge de pierre, âge d'abondance*, l'anthropologue Marshall Sahlins démontre que les sociétés primitives de chasseurs-cueilleurs étaient des sociétés d'abondance[6]. Bien loin de l'image de dénuement et de lutte pour l'accès à la nourriture véhiculée dans l'imaginaire contemporain, les hommes et femmes primitifs vivaient de peu et produisaient peu, ce qui leur garantissait un accès à des ressources abondantes. Marshall Sahlins définit l'abondance comme une sous-utilisation des ressources

6. Marshall Sahlins, *Âge de pierre, âge d'abondance. L'économie des sociétés primitives*, Gallimard, 1976.

disponibles. En cela, on peut dire que la sobriété peut être génératrice d'abondance.

La pauvreté est une notion toute relative, définie par rapport à des standards de richesses. L'économiste Majid Rahnema dénonce le fait que le modèle de surabondance occidentale soit érigé comme un modèle standard qui se voudrait universel et qui nécessiterait de mener l'ensemble de l'humanité vers cette norme : « [Le développement] nuit aux mécanismes destinés, d'une part, à contenir l'envie et la convoitise, de l'autre, à maintenir une tension positive entre ce qu'il est individuellement possible de vouloir et d'avoir et ce qu'il est collectivement possible et raisonnable de produire. Cette tension leur a permis [les populations des pays en développement] de développer leurs capacités dans des limites raisonnables, sans qu'il y ait rupture entre les besoins et les ressources[7]. » C'est ainsi que Majid Rahnema distingue la pauvreté de la misère en associant à la première des valeurs de solidarité, de partage et d'entraide entre les individus.

De plus, rien ne prouve que le sentiment de bien-être soit corrélé à la richesse. Bien au contraire. L'économiste Richard Easterlin montre dans ses travaux qu'une fois un certain seuil de richesse atteint dans une société, le sentiment de bien-être n'évolue plus, sauf dans la partie de la population la plus aisée qui se satisfait de progresser économiquement à mesure que les inégalités se creusent.

---

7. Majid Rahnema, *Quand la misère chasse la pauvreté*, Arles, Actes Sud, 2004.

Richard Easterlin illustre cela par le fait que le sentiment de bien-être de la population chinoise baisse malgré une forte augmentation du PIB de la Chine ces dernières années[8].

De plus, l'ensemble des externalités négatives produites par notre modèle de société actuel viendrait à se réduire dans une société de sobriété, ce qui pourrait générer à la fois de la richesse (réduction des coûts de santé, moindre utilisation d'intrants et de pesticides, services environnementaux restaurés) et du bien-être. Par les relocalisations et un recours raisonné aux technologies, la sobriété est créatrice d'emplois pérennes et non délocalisables qui génèrent de la richesse sur les territoires.

La sobriété vise à un juste rééquilibrage dans l'accès aux ressources entre les plus démunis et les plus nantis.

DES RESPONSABILITÉS DIFFÉRENCIÉES

Les fortes disparités mondiales en termes d'accès à l'énergie génèrent également des disparités dans les émissions de gaz à effet de serre. En 2014, le GIEC a estimé que ne pas dépasser les 2 °C de réchauffement par rapport à l'ère préindustrielle supposait de ne pas émettre plus de 1 000 gigatonnes (Gt) d'équivalent CO_2 d'ici à 2100. Sachant que nous émettons en moyenne 45 Gt de CO_2 par an au niveau mondial, il nous reste à ce rythme-là

8. Richard Easterlin, "Life satisfaction in the transition from socialism to capitalism: Europe and China". In A. Clar & C. Senik (Ed-), *Happiness and Economic Growth : Lessons from Developing Countries*, Oxford University Press, 2014.

15 ans d'émissions avant d'atteindre les 1000 Gt. De plus, pour limiter le réchauffement climatique, le GIEC situe le niveau « soutenable » d'émissions de CO_2 à 1,2 t d'éq. CO_2, par personne et par an soit six fois moins que la moyenne mondiale actuelle qui se situe autour de 6,2 t d'éq. CO_2 par personne et par an.

Historiquement, les émissions de gaz à effet de serre s'étant accumulées dans l'atmosphère depuis la première révolution industrielle, les responsabilités ne sont pas les mêmes. Dans les années 1820, 95 % des émissions provenaient des pays d'Europe de l'Ouest, et en particulier de l'Angleterre, de l'Allemagne et de la France. Au début du XXe siècle, 50 % des émissions de gaz à effet de serre étaient émises par les États-Unis. Aujourd'hui, les pays d'Europe de l'Ouest génèrent 9 % des émissions mondiales de CO_2, les États-Unis 16 %, la Chine 25 % (pour notamment produire des objets consommés et utilisés dans les pays occidentaux).

Depuis la première révolution industrielle, 50 % des émissions cumulées ont été générées par l'Europe de l'Ouest, l'Amérique du Nord, le Japon et l'Australie, et 12 % par la Chine.

Les pays émergents (Chine, Inde, Brésil) comptent pour plus de 33 % des émissions historiques de CO_2 cumulées.

Par ailleurs, le niveau de consommation et donc d'émissions de CO_2 d'un individu est généralement corrélé à son niveau de revenus, son âge et sa situation familiale, même si des exceptions peuvent exister (des personnes aisées ayant des modes de vie et des comportements sobres ou des personnes précaires ayant des modes de vie et des comportements énergivores malgré leurs faibles revenus). Les travaux des économistes Thomas Piketty et Lucas Chancel ont mis en avant le fait qu'en 2013 le 1 % des personnes les plus riches du monde avait une empreinte carbone moyenne égale ou supérieure à 200 t d'éq. CO_2, quand la moyenne nationale française était de 12 t d'éq. CO_2 ! À l'inverse, les individus les moins émetteurs du globe (Honduras, Mozambique, Rwanda, Malawi) ont une empreinte carbone moyenne 2 000 fois plus faible, de l'ordre de 0,1 t d'éq. CO_2 par personne et par an[9]. Les 10 % des individus les plus émetteurs seraient aujourd'hui responsables de 45 % des émissions mondiales, tandis que les 50 % les moins émetteurs seraient responsables de moins de 13 % des émissions. Les grands émetteurs se répartissent aujourd'hui sur tous les continents et un tiers d'entre eux sont des pays émergents. Ce constat est également valable pour la consommation des ressources naturelles. Selon l'économiste Éloi Laurent : « Par habitant, les pays à revenu élevé continuent de consommer dix fois plus de matières premières que les pays à faible revenu. Encore plus révélateur, les 1,2 milliard de personnes les plus pauvres représentent 1 % de la consommation mondiale, tandis que le milliard le plus riche consomme 72 % des ressources mondiales[10]. »

9. Lucas Chancel, Thomas Piketty, *Carbone et inégalité : de Kyoto à Paris. Évolution de l'inégalité mondiale des émissions de CO_2 (1998-2013) et perspectives pour un financement équitable de l'adaptation*, étude, École d'économie de Paris, 2015.
10. Éloi Laurent, *op. cit.*

Les travaux de Piketty et de Chancel sur les disparités d'émissions de gaz à effet de serre en fonction des revenus des personnes pourraient permettre de définir différentes stratégies de financement d'un fonds mondial pour l'adaptation au changement climatique, s'appuyant sur un principe d'équité entre individus et non entre pays.

Les deux économistes montrent également la rapidité avec laquelle les classes moyennes et aisées des pays émergents ont vu leurs émissions de CO_2 augmenter de 40 % en l'espace de quinze ans. Cela s'explique par un accès aux biens de consommation, à la voiture individuelle et au tourisme international. Ils soulignent le fait que, « si ces tendances sont positives du point de vue des revenus (émergence d'une classe moyenne mondiale), elles constituent un réel défi en matière climatique ». Le philosophe Bruno Latour parle de « classes géosociales » pour désigner les groupes de personnes en fonction de leurs revenus et de leurs émissions de gaz à effet de serre. Bien qu'une conscience écologique de classe transnationale n'existe pas encore et n'existera peut-être jamais, cela a le mérite de montrer la porosité entre les inégalités économiques, sociales et environnementales. De plus, la question démographique est supplantée par la question des modes de vie. C'est davantage le niveau de revenus et les modes de consommation des individus qui vont définir le niveau mondial d'émissions de gaz à effet de serre que la densité de population.

Ainsi, en 2019, un habitant des États-Unis consommait en moyenne 4,2 tonnes d'équivalent pétrole, tandis qu'un habitant de Chine en consommait 1,3 tonne. Autrement dit, les États-Unis consomment 10 % de l'énergie mondiale alors qu'ils ne représentent que 4,3 % de la population mondiale ; la Chine consomme 13,5 % de l'énergie mondiale alors qu'elle représente 18,5 % de la population mondiale[11].

Par ailleurs, on constate le poids grandissant à l'échelle du globe des émissions de gaz à effet de serre incorporées dans les échanges commerciaux via les exportations et les importations de produits intermédiaires et finaux. Il y a, d'un côté, les pays – essentiellement développés – qui importent les émissions et, de l'autre, les pays – essentiellement émergents – dont les bilans d'émissions sont « gonflés » par les émissions liées à la production sur leur territoire de biens manufacturés destinés à l'exportation.

Ainsi, l'empreinte carbone totale de la France s'élevait en 2011 à 732 Mt d'éq. CO_2 : 17,5 % des émissions directes étaient issues de la combustion de ressources fossiles, 35,3 % des émissions directes provenaient du territoire, et 47,2 % des émissions étaient importées[12]. Bien que les émissions territoriales de CO_2 aient diminué de 7 % entre 2000 et 2010, si l'on ajoute à ce chiffre les émissions incorporées dans les produits importés (téléphones portables, ordinateurs, télévisions, alimentation, habillement), tout en enlevant les émissions incorporées dans les biens exportés et destinés à la consommation étrangère, la France a augmenté ses émissions de CO_2 liées à la consommation d'environ 15 %

11. Agence internationale de l'énergie, *Global Energy Review*, 2019.

12. Commissariat général du développement durable, *L'Empreinte carbone. Les émissions « cachées » de notre consommation*, 2015.

sur cette même période. Ces émissions importées étant encore trop peu incorporées dans les bilans carbone nationaux mais également individuels, on peut les qualifier de « passagers clandestins de la mondialisation[13] ».

Les efforts de réduction des émissions de gaz à effet de serre et de sobriété doivent donc être portés par les classes sociales les plus émettrices afin de rééquilibrer l'empreinte carbone mondiale.

LIBERTÉ ET ACCEPTABILITÉ SOCIALE

Certains détracteurs de la sobriété la présentent souvent comme liberticide, entravant les droits et la liberté de chacun de consommer et de se comporter comme il/elle l'entend. Elle serait punitive et sanctionnerait des comportements tout à fait admis et autorisés dans nos sociétés modernes, même si ces derniers ont des conséquences économiques, sociales et environnementales néfastes. Il nous apparaît important de rappeler ici la façon dont la liberté est définie dans la Déclaration des droits de l'homme et du citoyen d'août 1789 : « La liberté consiste à pouvoir faire tout ce qui ne nuit pas à autrui. » Dans la mesure où des actions nuisent à la santé, aux conditions de vie, hypothèquent l'avenir d'autrui, on est en droit de se demander si ce n'est pas l'ébriété énergétique et ses impacts environnementaux et sociaux qui sont liberticides. La sobriété soulève

13. Réseau Action Climat, *Les Émissions importées. Le passager clandestin du commerce mondial*, 2013.

des questions éthiques relatives à notre rapport à la nature, au genre humain, aux générations futures. Il ne s'agit pas tant de sauver le climat que de conserver des conditions de vie acceptables sur cette planète pour l'ensemble des espèces vivantes, y compris la nôtre.

L'acceptabilité sociale est une notion susceptible de varier en fonction des évolutions sociétales et de la mutation des normes sociales. La normalité et les points de référence évoluent d'une génération à une autre. C'est ce que tente de démontrer le biologiste franco-canadien Daniel Pauly quand il affirme que « notre vue est conditionnée par le moment de notre naissance. Le souvenir de l'environnement perçu aux débuts de notre vie devient la base, l'état de référence, de notre perception de cet environnement et donc de ses changements ultérieurs[14] ». Il prend l'exemple de la pêche pour illustrer le fait que, d'une génération à l'autre, les pêcheurs perçoivent différemment la diminution des variétés et des quantités de poissons disponibles dans les mers car leur point de référence n'est pas le même en fonction de leur âge. Ainsi, un jeune pêcheur jugera « normal » de trouver peu de poissons dans certains endroits que son père et son grand-père ont connus très poissonneux.

Les archives vidéo de l'Institut national de l'audiovisuel regorgent d'interviews réalisées au début des années 1970 de personnes s'indignant de l'obligation du port de la

14. Daniel Pauly, "Anecdotes and the shifting baseline syndrome of fisheries", *Trends in Ecology and Evolution*, vol. 10, n° 10, 1995, p. 430.

ceinture de sécurité en voiture. Aujourd'hui, plus personne n'oserait contester cette mesure au regard des dizaines de milliers de vies qui ont été épargnées grâce à cette obligation. L'interdiction de fumer dans les lieux fermés et couverts accueillant du public a également suscité de vives réactions lors de sa mise en place en 2007, alors qu'en 2020 elle semble faire l'unanimité dans l'opinion publique.

On peut expliquer la résistance à la sobriété par une adhésion totale à un imaginaire et à une mythologie de croissance et de progrès, mais aussi par une incapacité à envisager le changement et ses bénéfices. On doit ici convoquer la notion de « dépendance au sentier » qui montre comment les choix du passé ont un impact sur le présent et freinent le changement : « Changer signifierait perdre l'amortissement et les rendements croissants des investissements de départ, et devoir investir à nouveau ; il faudrait aussi reprendre les processus d'apprentissage, ce serait risquer de ne plus être coordonné avec les autres institutions : il faudrait enfin changer d'anticipation, être capable de prévoir les nouveaux comportements adaptés[15]. » Sortir de notre état de totale dépendance aux énergies fossiles et fissiles demande un effort pour imaginer et établir de nouvelles modalités de fonctionnement pour nos sociétés.

La taxation qui peut apparaître confiscatoire par certains trouve pourtant un écho favorable chez la majorité

15. Bruno Palier, Giuliano Bonoli, « Phénomènes de Path Dependance et réformes des systèmes de protection sociale », *Revue française de science politique*, vol. 49, n° 3, 1999, p. 399-420.

des Français quand elle est appliquée de manière équitable. Comme le montre une enquête Harris Interactive commandée par le Haut Conseil pour le climat en 2019 : « 60 % des Français considèrent que taxer les biens de consommation les plus émetteurs de GES est plus juste que de taxer tous les produits (11 %) ou taxer seulement les produits de consommation de luxe (25 %). De la même façon, lorsqu'il s'agit de taxation des bénéfices des entreprises, les Français considèrent à 52 % plus juste de taxer les entreprises les plus émettrices de GES, plutôt que selon le niveau de leurs bénéfices (38 %) ou de façon uniforme (9 %). Enfin, 72 % des interrogés considèrent que, pour être juste, la transition climatique doit avoir pour effet d'imposer les ménages en fonction de leurs émissions de gaz à effet de serre[16]. »

Le rationnement peut apparaître comme un moyen pertinent de limiter la surconsommation de ressources tout en garantissant les libertés individuelles de chacun. La sociologue Mathilde Szuba définit le rationnement comme « une forme d'autolimitation partagée par tous, afin que tous puissent bénéficier d'une quantité minimum d'énergie carbonée (...). C'est une organisation collective de la sobriété, dans la mesure où elle consiste à organiser le partage des efforts de réduction des consommations. Il s'agit d'une mesure politique, puisque le rationnement consiste, après avoir évalué les ressources disponibles, à organiser leur répartition selon des critères politiques (un quota limité

16. Harris Interactive, *Les Français et la transition climatique*, 2020.

mais garanti pour chacun) plutôt qu'économiques (à chacun selon ses moyens)[17] ». L'imaginaire du rationnement, très lié à la Seconde Guerre mondiale en France, doit évoluer pour être reconsidéré à l'aune des crises climatiques et environnementales du XXIe siècle. La mise en place de quotas d'émissions de CO_2 individuels ou de quotas énergétiques permettrait d'attribuer à chaque individu une quantité de CO_2 ou d'énergie à ne pas dépasser chaque année. Charge à la personne de décider librement de la façon dont elle souhaite utiliser ce quota. La solution du rationnement carbone doit être sérieusement considérée et envisagée comme un moyen démocratique de gérer les pénuries énergétiques à venir et de respecter les limites planétaires.

Il faut se rendre à l'évidence : le dérèglement climatique va fortement modifier le fonctionnement de nos sociétés et de nos démocraties. La fin de l'abondance énergétique adviendra tôt ou tard et s'imposera à nous. Nos démocraties peuvent construire un modèle de société sobre, partagé et consenti afin d'anticiper les crises et les chocs à venir.

CONSTRUIRE UN PROJET COMMUN

La sobriété doit être un projet construit et porté collectivement par l'ensemble de la société. Pour cela, nos instances de décision et de démocratie doivent évoluer

17. Mathilde Szuba, « Le rationnement, du provisoire au permanent », *in* Bruno Villalba, Luc Semal (dir.), *Sobriété énergétique. Contraintes matérielles, équité sociale et perspectives institutionnelles*, Éditions Quae, 2018.

pour prendre davantage en compte les problématiques environnementales et l'avis des citoyens. Comme le précise le sociologue Bruno Villalba : « En insistant sur l'importance de gérer la rareté effective (et non celle produite artificiellement par le système industriel), la sobriété offre la possibilité de mettre en relief les conditions profondes de notre dépendance énergétique. Elle permet alors de construire une offre politique adaptée à cette contrainte matérielle, en élaborant démocratiquement les conditions d'un renoncement à l'abondance énergétique et à l'accumulation consumériste[18]. »

La question énergétique a historiquement peu fait l'objet de débat démocratique en France. Il n'y a jamais eu de débat national ni de référendum sur la question du nucléaire, et bien qu'un débat national ait été organisé autour de la programmation pluriannuelle de l'énergie en 2018, celui-ci a rencontré très peu d'écho médiatique. En 2019, la constitution d'une Convention citoyenne pour le climat, qui a réuni 150 citoyens tirés au sort pour définir une série de mesures permettant à la France de baisser ses émissions de gaz à effet de serre de 40 % d'ici à 2030 (par rapport à 1990), a été un exercice inédit. Toutefois, on peut déplorer le fait que la question énergétique, notamment nucléaire, ait vite été évacuée des discussions de la Convention. Cette polarisation du débat national autour

18. Bruno Villalba, « Politiser la sobriété », *in* Bruno Villalba, Luc Semal (dir.), *ibid.*

des choix technologiques tend à faire passer au second plan la question des besoins et des usages énergétiques.

Une (re)prise en main citoyenne des sujets énergétiques et climatiques paraît incontournable. Si cela émerge déjà progressivement via les coopératives citoyennes de développement d'énergies renouvelables, la démarche doit être étendue à l'ensemble des champs de l'énergie, et en particulier aux questions des modifications sociétales liées à la transition énergétique. Sous la forme de conventions citoyennes locales sur le climat et l'énergie, de « commissions de sobriété » ou encore de « conseils d'orientation de la transition », des instances paritaires et intergénérationnelles pourraient être mises en place pour permettre aux citoyens de s'exprimer sur ces sujets et de co-élaborer les politiques publiques. Des votations citoyennes viendraient valider les propositions émises par ces instances.

Au niveau national, une réforme constitutionnelle semble indispensable pour pleinement prendre en compte les enjeux environnementaux dans l'élaboration et l'évaluation des lois. Les propositions du philosophe Dominique Bourg et du politiste Kerry Whiteside paraissent tout à fait pertinentes pour faire évoluer notre manière actuelle de pratiquer la démocratie afin d'y intégrer les enjeux environnementaux et climatiques[19]. Ces derniers envisagent une réforme constitutionnelle afin de créer une « bio-Constitution » intégrant la prise en compte systématique

19. Dominique Bourg, Kerry Whiteside, *Vers une démocratie écologique. Le citoyen, le savant et le politique*, Seuil, 2010.

des limites naturelles dans l'élaboration des lois. Ils proposent également une refonte du rôle du Sénat qui pourrait devenir une instance parlementaire dédiée aux enjeux environnementaux et aux sujets d'intérêt général de long terme afin de défendre les intérêts des générations futures et d'échapper à la « tyrannie du présent ».

RENDRE LA SOBRIÉTÉ DÉSIRABLE

Des récits et des imaginaires sont indispensables pour se projeter dans un monde sobre.

L'espèce humaine est motivée par des histoires, des contes, des légendes qui sont constitutifs des cultures et qui jouent le rôle de lien social et culturel entre les individus. Les sociétés reposent sur des mythes fondateurs et des représentations imaginaires qui définissent les communautés et les orientent sur une trajectoire et un avenir communément acceptés et consentis[20].

Nous souhaitons ici convoquer les œuvres de la culture populaire (notamment du cinéma et de la littérature d'anticipation et de science-fiction) pour dresser un état des lieux des imaginaires de la sobriété actuellement véhiculés et esquisser des propositions visant à rendre la sobriété désirable. Il nous paraît important de rappeler au préalable que les imaginaires projetés en disent plus sur le présent que sur l'avenir et qu'ils laissent transparaître

20. Yuval Noah Harari, *Sapiens : une brève histoire de l'humanité*, Albin Michel, 2015.

les préoccupations des sociétés et des créateurs au moment de l'élaboration des œuvres de fiction.

On trouve quelques œuvres traitant de la question énergétique et plus globalement de la question des ressources dans la culture populaire des cinquante dernières années. Deux visions de l'énergie sont proposées : d'un côté, son abondance, la puissance et la richesse qu'elle confère ; de l'autre, sa raréfaction et les pénuries qui en découlent.

Le mythe de Prométhée a beaucoup été repris dans le cinéma américain des années 1960-1970. Bien qu'ils ne fassent pas explicitement référence à la question énergétique, des films type *space opera* comme *Star Wars* (de George Lucas) ou *Star Trek* (de Gene Roddenberry) exaltent la puissance conférée par une énergie abondante, inépuisable et gratuite. Les conquêtes spatiales sont un jeu d'enfant, la distance et le temps semblent abolis. Les ressources sont inépuisables, ou bien une ressource « magique » permet de rendre les quantités d'énergie disponibles infinies ou de faciliter les déplacements. C'est notamment le cas de l'Épice dans *Dune* de Frank Herbert, une ressource permettant d'allonger la vie et de voir dans le futur, uniquement disponible sur la planète Dune et qui fait l'objet de nombreuses convoitises de la part des autres planètes.

Les films des années 2000, davantage portés sur le cyberespace comme Matrix ou Avatar, reposent également sur un système sociotechnique numérique surpuissant qui permet aux personnages principaux de vivre mentalement dans des espaces-temps virtuels parallèles au nôtre.

Dans la lignée des travaux de l'astrophysicien Roland Lehoucq qui tente de vérifier dans plusieurs de ses ouvrages si les technologies et les objets présents dans les œuvres de science-fiction pourraient exister dans notre monde réel[21], il serait intéressant d'évaluer la quantité d'énergie et l'impact carbone de certaines des inventions ou technologies utilisées dans ces différents films. Le film *Matrix* (de Lilly et Lana Wachowski, 1999) illustre bien cette problématique de la contrainte énergétique dans la mesure où ce sont des êtres humains qui servent de « piles » pour alimenter les serveurs informatiques hébergeant la « matrice ».

Ces aspects techniques qui peuvent paraître triviaux aux cinéphiles sont pourtant déterminants car ne pas aborder la « matérialité » de ces technologies contribue à entretenir le mythe d'une abondance infinie des ressources.

À l'inverse de ces imaginaires énergivores, de nombreuses œuvres de fiction mettent en scène des pénuries, des ruptures énergétiques ou des effondrements civilisationnels violents. Ces imaginaires sont associés, à tort, à la sobriété. Et c'est bien ces derniers qui viennent à l'esprit d'une majorité de personnes quand on évoque ce terme avec elles. Les détracteurs de la sobriété font souvent référence à la saga *Mad Max* (de George Miller, 1979-1985), soit à un monde violent, de prédation, où une minorité a accès aux ressources au détriment des autres. En somme, la représentation d'un monde dans lequel une sobriété collective choisie n'aurait jamais été instituée. Initialement, l'objectif du film était de dénoncer l'anarchie motorisée,

21. Roland Lehoucq, *SF : la science mène l'enquête*, Le Pommier, 2011 ; *id.*, *La SF sous les feux de la science*, Le Pommier, 2012.

la violence provoquée par la vitesse automobile... Ces films sortis au tournant des années 1970 et 1980, c'est-à-dire en pleine crise pétrolière, ont pour sujet un monde sans pétrole[22]. À la suite de *Mad Max*, plusieurs *scarcity movies*, ou « films de pénurie », ont rencontré un grand succès dans les années 1980-1990. En 1995, *Waterworld* (de Kevin Reynolds, 1995) dépeint un monde totalement submergé par les eaux, où les populations vivent sur des bateaux et des villes-radeaux et se battent pour avoir accès à l'eau potable. La littérature de science-fiction s'est quant à elle saisie dès les années 1940 du sujet des ruptures énergétiques et de la pénurie, beaucoup d'auteurs étant directement affectés par la Seconde Guerre mondiale. L'œuvre la plus emblématique de cette période est le roman *Ravage* de René Barjavel qui décrit l'effondrement d'une France ayant connu une panne d'électricité générale. Au début des années 1970, Robert Merle, dans *Malevil*, montre comment une petite communauté de personnes s'organise pour recréer une société suite à une catastrophe nucléaire. Le thème de l'hiver nucléaire sera repris en 2006 par Cormac McCarthy dans son roman postapocalyptique *La Route* qui décrit la fuite d'un père et de son fils dans un monde dévasté.

De manière moins spectaculaire et sombre, les deux romans *Carbon Diaries* de Saci Lloyd présentent le quotidien d'une adolescente anglaise devant gérer son quota carbone dans une Angleterre ravagée par le changement climatique.

22. Antonio Dominguez Leiva, *Mad Max. L'apocalypse sera motorisée*, Le Murmure, 2016.

Plus récemment, la série télévisée *Years and Years* de Russell T. Davies suit les pérégrinations d'une famille britannique de 2019 à 2030 dans une société connaissant des crises financières, migratoires et climatiques très fortes. Bien que ces œuvres permettent d'alerter sur les impacts de la crise climatique et des crises énergétiques auxquelles nous allons être confrontés, elles concourent à la propagation d'un imaginaire négatif de la sobriété où une moindre consommation énergétique serait forcément synonyme de pénurie, de pauvreté ou encore d'exode, alors que le but même de la sobriété est de parvenir à ne pas arriver à cette situation. Pourquoi proposer des imaginaires désirables et ouverts de la sobriété, sans tomber dans la naïveté ni dans l'utopie excessive, est-il si difficile? Comment donner envie d'aller vers la sobriété quand le cinéma et la publicité nous abreuvent à longueur de journée d'images de puissance, de vitesse, de surabondance matérielle et de réussite sociale?

Actuellement, plusieurs récits et visions de l'avenir s'opposent dans les espaces scientifique, politique et médiatique. Plusieurs trajectoires et imaginaires de la transition énergétique cohabitent, incarnés par différentes personnalités ou groupes de personnes.

Le premier de ces imaginaires repose sur le mythe de la technologie salvatrice et sur la conquête de l'espace. Il est actuellement véhiculé par de grandes entreprises technologiques. Les deux personnes incarnant le mieux aujourd'hui cet imaginaire sont Jeff Bezos, dirigeant d'Amazon, et Elon Musk, dirigeant de Tesla et SpaceX. Ces deux milliardaires se sont lancés dans la conquête de l'espace, l'un vers la Lune, l'autre vers Mars, en investissant leurs capitaux dans la création de sociétés spatiales.

La société Blue Origin de Jeff Bezos a pour objectif d'envoyer à nouveau des êtres humains sur la Lune pour exploiter l'eau présente sur place et la transformer en hydrogène puis en carburant pour faciliter l'exploration de notre système solaire. La Lune constituerait une base de lancement colonisée par l'espèce humaine pour partir à la découverte et à la conquête du reste du système solaire. La vision de Bezos est d'assurer un avenir à notre espèce en lui trouvant un nouveau point de chute afin d'échapper à une planète Terre polluée et aux ressources finies, défaillante à ses yeux. Quant à Elon Musk, il envisage de rendre possible la colonisation de Mars par un million d'humains d'ici à 2050 grâce à un système de transport spatial nommé Starship[23].

On peut estimer légitimes l'envie et la curiosité d'aller coloniser d'autres planètes au moment où la nôtre est en train de dépérir, mais on peut également se demander si l'argent et les ressources investis dans ces projets ne seraient pas plus profitables à la préservation de notre biosphère. Le transhumanisme vise également à repousser les limites de notre condition humaine. Ce courant de pensée prône l'amélioration et l'augmentation des capacités physiques et intellectuelles du corps humain par le progrès scientifique et technique. Les transhumanistes

23. https://www.futura-sciences.com/sciences/actualites/exploration-spacex-elon-musk-promet-million-personnes-mars-2050-79254/

réussiront-ils à rendre le corps résistant à de fortes doses de pollution atmosphérique ou à des températures dépassant les 50 °C?

Un autre imaginaire du futur actuellement véhiculé est celui d'un effondrement de notre civilisation vu à travers le prisme du survivalisme. Reposant sur un imaginaire de la fuite, de l'exode urbain, de la lutte pour la survie, mais également de reconnexion avec une nature anxiogène et dangereuse, cette vision prône l'individualisme : il s'agit de s'armer et de stocker des denrées alimentaires pour protéger avant tout les siens. La question de la communauté est gommée et la loi du plus fort semble dominer. Cet imaginaire est largement véhiculé par des romans d'anticipation et leur interprétation cinématographique comme *La Route* de Cornac Maccarthy adaptée au cinéma par John Hillcoat, *Le Fils de l'homme* de P. D James adapté au cinéma par Alfonso Cuarón, ou encore la série télévisée *The Walking Dead*.

Le troisième imaginaire qui nous est proposé est celui de la néoruralité, du retour à la nature, à la simplicité volontaire. Nous avons peu de choses à reprocher à cet imaginaire, hormis le fait qu'il repose encore une fois sur une approche assez individualiste de changement de mode de vie en omettant volontairement ou non la dimension politique d'un changement global de société. Un exode urbain massif vers les territoires ruraux semble peu souhaitable pour les populations et la préservation des ressources locales, notamment le foncier agricole.

Pourquoi est-il si difficile de se projeter dans un avenir très différent de ce que nous connaissons actuellement? Sommes-nous confrontés à une panne des imaginaires?

La solution la plus lucide et la plus pragmatique semble être de construire dès aujourd'hui le projet de société qui nous paraît la plus désirable possible. C'est ce que tente de faire Rob Hopkins, initiateur du mouvement des villes en transition, en proposant aux habitants de construire ensemble des stratégies locales pour améliorer leur qualité de vie tout en préservant l'environnement et en réduisant progressivement leur empreinte énergétique et climatique.

Dans son ouvrage *Et si… ?*, il présente plusieurs techniques pour encourager l'imagination des personnes et explique pourquoi notre imaginaire et notre créativité sont bridés. Il appelle à réfléchir au-delà des limites et à créer des endroits pour développer et expérimenter de nouvelles idées. Il prend notamment les exemples de la ville de Mexico qui a mis en place un ministère de l'Imagination, ou encore de la ville de Bologne qui a créé un bureau de l'imagination citoyenne[24].

La place des enfants dans l'élaboration de nouvelles expériences apparaît également très importante dans la mesure où ils sont des usagers et des citoyens à part entière et seront fortement concernés par les impacts environnementaux durant leur vie d'adultes. D'une manière générale, Rob Hopkins appelle à une construction d'alternatives par les citoyens eux-mêmes et à un travail de plaidoyer auprès des dirigeants et des entreprises pour faire partir le mouvement de transformation du bas. Les grèves pour

24. Rob Hopkins, *Et si …on libérait notre imagination pour créer le futur que nous voulons ?*, Arles, Actes Sud, 2020.

le climat, le mouvement des vélorutions, le développement des circuits courts alimentaires, la montée du vote écologiste en France, entre autres, attestent le bourgeonnement de ces alternatives et participent à la fondation de nouveaux récits et imaginaires.

Rendre la sobriété désirable pour qu'elle soit choisie et acceptée par une majorité de la population est un exercice périlleux dans la mesure où elle sera à terme subie si on ne la met pas en place dès maintenant (notamment à cause du dérèglement climatique). Il est également difficile d'expliquer à la moitié de l'humanité qui aspire au mode de vie consumériste occidental qu'il ne lui sera jamais accessible et de faire comprendre aux populations les plus riches que ce sont elles qui doivent tendre vers des modes de vie plus frugaux.

Pour cela, des conditions favorables à la création de récits alternatifs doivent être établies (soutien aux artistes, création de lieux dédiés) afin de créer des espaces citoyens d'imagination permettant de voir advenir une société sobre, acceptée et désirable.

V. CONSTRUIRE UNE SOCIÉTÉ SOBRE

AMÉNAGER DES TERRITOIRES RÉSILIENTS ET SOBRES

La transition énergétique et écologique est étroitement liée aux spécificités territoriales. Les solutions à mettre en œuvre dépendent des contextes socioéconomiques (démographie, nature des industries, activités économiques et services...) et physiques (topographie, climat, typologie du bâti, surface agricole disponible, occupation des sols...) des territoires.

La sobriété apparaît comme un principe directeur très intéressant pour la création d'un projet de territoire, d'une part par son ancrage dans les pratiques locales, et d'autre part par la réduction des externalités négatives et de leur coût (traitement des pollutions, coûts liés à la santé des populations...). De fait, elle demande aussi bien aux citoyens qu'aux collectivités et aux entreprises de réfléchir à l'impact énergétique et matériel de leurs pratiques que de s'interroger sur la façon de réduire leurs émissions de gaz à effet de serre.

En questionnant les modes de consommation et de production, la sobriété est également un levier mobilisateur pour les citoyens qui deviennent eux-mêmes acteurs de la transition. Toutefois, une acculturation du grand public, et notamment des élus, à la thématique de la sobriété semble nécessaire. De plus, de nombreuses politiques publiques et actions allant dans le sens de la sobriété ne sont pas encore identifiées comme telles, alors qu'elles constituent des leviers indispensables pour les territoires se revendiquant à énergie positive ou neutres en carbone.

En France, deux principes prévalent en termes d'administration publique : le principe de subsidiarité, qui veut que ce soit l'échelon le plus pertinent qui mette en place une politique, et le principe de complémentarité entre les politiques nationales et les politiques territoriales. C'est dans ce cadre que plusieurs niveaux de gouvernance coexistent et collaborent à l'échelle locale : les régions, les départements, les intercommunalités et les communes. Les grandes ambitions nationales et européennes, comme l'atteinte de la neutralité carbone telle que promue dans la Stratégie nationale bas-carbone, se doivent d'être déclinées à l'échelle locale pour devenir pleinement efficaces et effectives.

Les régions sont considérées comme les cheffes de file du climat, ce qui est d'autant plus pertinent dans la mesure où elles ont des compétences très importantes en matière d'aménagement du territoire. Elles sont en première ligne pour définir des stratégies et mener des actions afin d'atténuer et d'adapter les territoires aux impacts du dérèglement climatique. C'est ainsi que le Haut Conseil pour le climat, dans son rapport de juillet 2020, appelle les conseils régionaux à décliner localement la Stratégie nationale bas-carbone et à mener des efforts pour réduire les émissions de GES régionales, tout en tenant compte des spécificités géographiques et socioéconomiques de chaque territoire. Chaque région réalise un schéma régional d'aménagement, de développement durable et d'égalité des territoires (Sraddet), document stratégique définissant les orientations régionales en termes d'aménagement du territoire, de préservation de l'environnement et de lutte contre le changement climatique. Bien que ce schéma soit révisable tous les cinq ans, il a un impact déterminant sur les politiques locales en définissant des orientations fortes dans des temporalités longues. Toutefois, il semble nécessaire de renforcer la légitimité et l'opposabilité de ce document pour y intégrer les enjeux de la transition. Ce schéma constitue un levier important pour amorcer la sortie du modèle d'aménagement hérité des années 1950 et reposant sur l'utilisation massive de la voiture individuelle, l'étalement urbain, l'artificialisation des terres agricoles, le zoning (habitations, commerces et lieux de travail séparés, ce qui implique des flux de transports importants). En effet, les documents de planification adoptés aujourd'hui engagent un territoire pour les décennies à venir. Les enjeux sont forts, notamment en termes de lutte contre l'artificialisation des sols, la bétonisation, le mitage des terres agricoles et de préservation des espaces boisés. L'objectif est de garantir un approvisionnement alimentaire local pour les décennies à venir et de préserver les puits de carbone afin d'atténuer l'empreinte carbone des territoires en absorbant une partie des émissions résiduelles qui n'auront pu être réduites.

Prôner la sobriété dans l'ensemble des politiques publiques élaborées et mises en place par les conseils régionaux est un enjeu majeur. Un levier très important est à enclencher via les compétences qu'ont les conseils régionaux en termes d'aménagement du territoire, et notamment dans le secteur des transports. La gestion des trains express régionaux (TER) et d'une partie des transports ferroviaires de marchandises doit inciter les voyageurs à se reporter vers des alternatives à l'automobile individuelle ou au fret routier. Le développement du fret fluvial doit aussi être encouragé et accompagné. Les régions ont également des compétences en matière de développement économique, d'enseignement supérieur, de recherche, de bâtiments publics (gestion des lycées...), d'agriculture... Autant de domaines dans lesquels des mesures de sobriété peuvent être structurantes et déterminantes pour la vie des citoyens.

En termes de développement économique, les conseils régionaux peuvent accompagner les entreprises de leur territoire dans la mise en place de mesures de sobriété, dans l'élaboration de plans de résilience les rendant moins dépendantes des ressources énergétiques et des importations de matières premières. Il s'agirait également de les accompagner dans la réversibilité de leurs activités en cas de choc énergétique, comme cela a pu être mis en place lors de la crise sanitaire de la Covid-19. Une entreprise ou une industrie devrait avoir les capacités de réorienter ses activités afin de participer à la résilience d'un territoire face à des ruptures d'approvisionnement. Le volet stratégique et prospectif, la construction d'une vision pour le territoire prenant en compte les enjeux environnementaux et proposant des alternatives au modèle de développement prédominant peuvent permettre aux régions de développer leur attractivité par l'amélioration de la qualité de vie et de rayonner au-delà de leurs frontières.

Les conseils régionaux sont également le niveau de collectivité qui reçoit le plus de fonds européens. Ils décident ensuite de la façon de les orienter et de les dépenser.

Dans un récent rapport, le Réseau Action Climat France appelle les conseils régionaux à orienter ces fonds vers la transition énergétique et climatique[1]. Entre 2014 et 2020, les conseils régionaux ont touché 20 milliards d'euros au titre de la politique de cohésion européenne. Selon la Commission européenne, la France devrait investir entre 25 et 40 milliards d'euros par an de plus que ce qu'elle investit déjà pour atteindre les objectifs climatiques et énergétiques qu'elle s'est fixés en 2030. Les régions françaises, via les fonds européens, pourraient distribuer une partie de cet argent. Le Réseau Action Climat France souligne que, sur la période 2014-2020, seuls 16,1 % des fonds européens de développement régional ont été affectés par les régions à des projets de transition énergétique, alors que ce taux s'élève à 20,6 % pour les régions irlandaises, à 23,8 % pour les régions néerlandaises et à 25,6 % pour les régions danoises.

1. Réseau Action Climat, *Que font les régions françaises de l'argent européen ?*, mai 2020.

On trouve ensuite l'échelon des intercommunalités, ou regroupements de communes, sous la forme de métropoles, communautés urbaines, communautés d'agglomération et communautés de communes. Elles ont des compétences en matière d'aménagement du territoire, de transports, de développement économique, d'adaptation au changement climatique et de transition énergétique... Les intercommunalités de plus de 20000 habitants sont tenues de produire un plan climat air énergie territorial (PCAET) qui détermine la feuille de route de transition climatique et énergétique du territoire. Ce document prend en compte la planification énergétique, les mesures d'atténuation et d'adaptation au changement climatique, les mesures de préservation de la qualité de l'air et de la biodiversité... Il invite à penser le territoire à l'aune des défis climatiques et écologiques. Par ailleurs, plusieurs collectivités développent des stratégies volontaristes quand elles ont moins de 20000 habitants.

Toutefois, d'autres documents d'urbanisme comme le schéma de cohérence territoriale (SCoT), le plan local d'urbanisme intercommunal (PLUi) ou le plan de déplacement urbain (PDU) intègrent peu les objectifs des plans climat. On peut à l'heure actuelle déplorer un manque de cohérence entre les documents de planification portant sur les questions d'aménagement du territoire, d'habitat, de transports, de développement économique au regard des enjeux énergétiques et climatiques, que ce soit de manière involontaire (les documents ne sont pas réalisés en même temps et ne peuvent donc pas se répondre) ou volontaire (les projets de construction et de bétonisation sont jugés plus importants que les enjeux environnementaux). La mise en cohérence de ces différents documents est décisive pour mener à bien la transition énergétique et écologique des territoires. Un territoire ne peut sérieusement se donner pour objectif d'atteindre la neutralité carbone d'ici à trente ans tout en menant un projet d'agrandissement d'aéroport ou de construction d'autoroute.

Enfin, l'échelle communale est celle du quotidien, de la proximité, et le maire demeure l'élu auquel les Français font le plus confiance[2]. La commune dispose de compétences en termes de voirie, d'urbanisme et d'aménagement des espaces publics qui peuvent faciliter le développement des modes doux et la lutte contre la bétonisation. La commune est l'échelle la plus pertinente pour aménager des espaces végétalisés afin de lutter contre le phénomène d'îlots de chaleur l'été. La proximité avec les citoyens autorise un véritable travail d'acupuncture, un urbanisme tactique permettant d'adapter l'espace public en fonction des besoins et des usages des habitants.

Construire un modèle de société sobre suppose d'établir au préalable un diagnostic de la façon dont notre système actuel fonctionne en identifiant aussi bien ses atouts que ses vulnérabilités. Cet exercice doit également s'appliquer à l'analyse du fonctionnement des territoires de manière systémique. En identifiant et en cartographiant les flux de matières (eau, énergie, alimentation, matières

2. Sondage OpinionWay – Public Sénat – *La Tribune* pour l'Union nationale des centres communaux d'action sociale, mars 2020.

premières) qui entrent sur un territoire et ceux qui en sortent (déchets), on peut proposer des alternatives. Ce processus contribue à déterminer le « métabolisme » d'un territoire. Issue de l'écologie territoriale et reprise de la biologie, la notion de métabolisme territorial a pour finalité d'analyser « qualitativement et quantitativement le transfert, le stockage et la transformation de matière au sein d'un territoire[3] ». L'analogie avec le métabolisme du corps humain illustre la nécessité d'approvisionnement en ressources dont a besoin un territoire pour assurer le fonctionnement de son activité économique, agricole et subvenir aux besoins de sa population. Cela incite à mieux comprendre les interactions d'un territoire avec son environnement naturel ainsi qu'avec les territoires extérieurs. L'identification des flux énergétiques, alimentaires, économiques, matériels permet de discerner les dépendances qui se sont créées avec des territoires voisins ou des pays à l'autre bout du globe. Il s'agit de définir les conditions d'une relocalisation, d'une valorisation et d'une utilisation en priorité des ressources locales pour renforcer l'autonomie et l'autosuffisance d'un territoire.

L'analyse du métabolisme d'un territoire rend compte de ses processus d'approvisionnement énergétique et alimentaire et met en exergue sa vulnérabilité en cas de

3. Thierry Bonaudo, Joao Pedro Domingues, Muriel Tichit, Augusto Gameiro, *Intérêts et limites de la méthode du métabolisme territorial pour analyser les flux de matière et d'énergie dans les territoires d'élevage*, congrès « Rencontres autour des recherches sur les ruminants », décembre 2016.

rupture d'approvisionnement, d'autant plus si ces ressources sont produites à l'extérieur et doivent y être acheminées. Théorisé en France par la chercheuse Sabine Barles, l'objectif est de sortir d'un modèle linéaire d'extraction, de consommation et de rejets de matières pour aller vers un modèle plus circulaire permettant de valoriser les ressources et les déchets produits localement, tout en limitant l'impact sur la biosphère (pollution des eaux, émissions de gaz à effet de serre, pollution des sols...)[4].

En repensant le territoire dans un environnement donné et non comme une construction administrative « hors-sol », on remet l'écosystème au cœur du développement.

C'est ce que prône le biorégionalisme. Ce concept a été développé par des penseurs américains dans les années 1970 et remis au goût du jour ces dernières années par des architectes. Le paysagiste Robert Thayer définit une biorégion comme « un "lieu de vie", une région unique qu'il est possible de définir par des limites naturelles (plus que politiques) et qui possède un ensemble de caractéristiques géographiques, climatiques, hydrologiques et écologiques capables d'accueillir des communautés vivantes humaines et non humaines uniques[5] ». Dans son étude *Biorégion Île-de-France 2050*, l'Institut Momentum donne à voir comment

4. Sabine Barles « Écologie territoriale et métabolisme urbain : quelques enjeux de la transition socioécologique », *Revue d'économie régionale et urbaine*, décembre 2017.

5. Robert Thayer, *LifePlace. Bioregional Thought and Practice*, University of California Press, 2003.

la région parisienne pourrait s'adapter et se réorganiser sans énergies fossiles sous forme de biorégion[6].

Les problématiques climatiques et énergétiques influencent de plus en plus la façon d'aménager et de concevoir les territoires. Elles soulèvent des questions jusque-là taboues comme celles de la dédensification des villes (sans renforcement de l'étalement urbain), de la démétropolisation (arrêt de la concentration économique dans quelques grandes métropoles), de la revitalisation des campagnes et des centres-bourgs délaissés depuis des années et du rééquilibrage territorial au profit de la ruralité. Cela nous invite à repenser nos modes de faire et d'aménager au regard des enjeux environnementaux actuels et futurs.

DESSINER LES PAYSAGES DE LA SOBRIÉTÉ

La transition énergétique et écologique s'inscrit dans notre environnement quotidien et dans les espaces publics et les paysages qui nous sont familiers.

La question des paysages énergétiques, paysages comportant des infrastructures productrices et/ou consommatrices d'énergie, constitue une problématique à part entière posée aujourd'hui aux paysagistes dans leurs pratiques. Comment les paysages participent-ils à la transition énergétique et écologique et à son inscription dans

6. Yves Cochet, Agnès Sinaï, Benoît Thévard, *Biorégion Île-de-France 2050*, Institut Momentum / Forum Vies Mobile, mars 2019.

nos imaginaires? Qu'est-ce qu'un paysage de la sobriété? Comment l'énergie façonne-t-elle nos paysages?

L'étude des paysages énergétiques a pour objectif de rendre préhensible et compréhensible la façon dont l'énergie façonne notre environnement. Souvent, nous ne remarquons même plus ces installations: pylônes, câbles, transformateurs électriques, mais également stations-service, autoroutes, étalement urbain, autant de traces de la matérialité de l'énergie. Pourtant, la fluidité de l'énergie permise par le pétrole et l'électricité les rend comme invisibles à l'œil humain.

La présence de l'énergie et surtout l'exploitation des ressources énergétiques sont bel et bien présentes dans certaines régions: que ce soit les stigmates laissés par les terrils, tas de déchets issus de l'exploitation du charbon qui parsèment encore les paysages du nord de la France, de la Lorraine et de la région de Saint-Étienne, les champs d'éoliennes bordant le littoral danois, les derricks des plaines du Texas où l'on s'active pour extraire du pétrole, ou encore les mines à ciel ouvert de lignite en Allemagne ou les carrières d'extraction de sables bitumineux au Canada.

En France, le Collectif Paysages de l'après-pétrole travaille à la redéfinition du paysagisme au regard de la transition énergétique. Ce collectif composé d'architectes, d'urbanistes, de paysagistes, d'agronomes, d'ingénieurs, de naturalistes, de sociologues et de philosophes a publié en 2014 un manifeste explicitant sa vision, qui s'intéresse aussi bien à l'implantation d'infrastructures de productions d'énergie renouvelable qu'à la sortie de l'« agriculture pétrolière » et à une conversion des terres agricoles à l'agroforesterie ou à la permaculture… Il a pour objectif de « redonner durablement à la question du paysage un rôle central dans les politiques d'aménagement du territoire, dans un contexte de transition énergétique, et plus largement de transition vers un développement durable ». Il s'agit pour eux de « contribuer à la réussite de cette transition à partir d'approches paysagères ouvertes à la participation active des citoyens, et contribuant à des projets de territoire réinventant un art du bien vivre ensemble[7] ».

Dans le sillage du Collectif Paysages de l'après-pétrole, on peut se demander quelles traces les énergies fossiles laisseront dans les paysages. Assistera-t-on à une « patrimonialisation » de l'ère du carbone ? Visitera-t-on un jour des musées du Pétrole ou des Centres historiques pétroliers comme on visite aujourd'hui des Centres historiques miniers ?

Et la sobriété dans tout ça ? Comment pourrait-elle redessiner notre environnement quotidien et les paysages qui nous sont familiers ?

De profondes transformations sociétales et un nouveau régime énergétique et climatique auraient sans doute un impact sur l'aménagement du territoire.

À quoi ressembleraient ces paysages de la résilience ? Plusieurs exemples peuvent nous donner une idée de ce que pourraient être des paysages de la sobriété.

7. Collectif Paysages de l'après-pétrole, www.paysages-apres-petrole.org ; voir aussi Odile Marcel et Régis Amboise, *Aménager les paysages de l'après-pétrole*, ECLM, 2015.

L'urbanisme et l'architecture devront s'adapter au changement climatique pour permettre aux centres-villes de rester habitables lors des saisons les plus chaudes. Afin de réguler et surtout de limiter la température des villes, les toits, les murs et les routes pourront être repeints en blanc pour accroître le pouvoir réfléchissant du bitume, appelé aussi albédo. Des toiles seront tendues entre les bâtiments pour créer de l'ombre dans les rues, comme c'est déjà le cas dans certaines villes d'Italie. La place de l'eau jouera un rôle important dans l'adaptation des villes. Il s'agira à la fois de savoir capter efficacement l'eau de pluie en installant des récupérateurs sur l'ensemble des bâtiments et de préserver les cours d'eau afin de maintenir des espaces de respiration et de nature. La végétalisation des murs et des toitures permettra de constituer des puits de carbone et de réduire les déperditions énergétiques des bâtiments.

Il s'agira de préserver les espaces végétalisés préexistants, de planter de nouveaux arbres, quand c'est possible, et de constituer des trames brunes, c'est-à-dire des réseaux racinaires entre les arbres afin de favoriser leur développement et leur capacité à capter du carbone.

Les villes sobres seront sans doute beaucoup moins bétonnées, et ce, pour plusieurs raisons : la réduction progressive de la place de la voiture en ville, la nécessité de réduction de l'albédo des sols et le besoin de reconstitution de ces derniers. Il s'agira alors de déterminer ce qu'il faut faire des millions de tonnes de bétons et de mâchefers (sous-couches composées de déchets et matières parfois toxiques) qui seront enlevées. On tentera également d'évaluer la possibilité de reconstituer des sols de qualité une fois le débétonnage accompli.

La place de la voiture individuelle reculera progressivement au profit des transports en commun, du vélo et de la marche. Le retour du tramway depuis les années 1990 dans plusieurs villes de France (Tours, Strasbourg, Bordeaux, Dijon...) permet de créer une épine dorsale autour de laquelle la ville pourra continuer à se développer. La métropole de Bordeaux a fait le choix d'urbaniser en priorité les terrains se trouvant à proximité immédiate des lignes de tramway afin de limiter l'usage de la voiture des futurs occupants des immeubles situés à proximité. La place grandissante du vélo pourrait totalement remodeler nos centres urbains grâce à l'aménagement de voies et de rues uniquement dédiées aux modes de circulation doux, comme cela est le cas dans des villes comme Amsterdam ou Copenhague où des autoroutes cyclables ont été construites. Les espaces publics dégagés par la réduction de la place de la voiture (voirie, places de stationnement) pourraient être rendus aux piétons et trouver de nouveaux usages : installation de garages-cycles, de terrasses, réappropriation citoyenne.

La préservation et la sanctuarisation des terres agricoles entraîneront la disparition progressive des grandes zones commerciales en périphérie, et la limitation de l'étalement urbain mettra fin au rêve pavillonnaire.

Les pratiques agricoles soutenables devraient redessiner les paysages agricoles en intégrant la reconstitution de bocages, de forêts nourricières et de pâturages.

En ville, il s'agira d'exploiter le potentiel des sols cultivables, d'insérer des espaces de nature dans les centres urbains pour lutter contre les phénomènes d'îlots de chaleur, pour améliorer la qualité de l'air et surtout pour aménager des espaces de nature à proximité des habitations afin que chacun puisse en bénéficier. Cela participera également à la reconquête de la nature en milieu urbain en favorisant des habitats naturels pour les espèces animales.

La nécessaire rénovation thermique des bâtiments se fera par l'isolation extérieure d'un bon nombre d'édifices, ce qui pourrait avoir une incidence en matière d'identité architecturale de certaines rues ou de certains quartiers. Pour faire face aux températures estivales de plus en plus élevées que nous connaîtrons dans les décennies à venir, un retour à l'architecture vernaculaire semble pertinent. Cette forme d'architecture traditionnelle bioclimatique respecte le trajet du soleil et protège l'habitation de la lumière et de la chaleur pendant les heures les plus chaudes de la journée, ainsi que du froid. Cela pourrait bien mettre fin à des décennies de conception architecturale ne tenant pas compte de l'environnement immédiat de l'habitation et des conditions météorologiques et climatiques. Des groupes d'architectes et d'urbanistes travaillent déjà à la réintégration de ces principes dans la construction en y associant également des techniques artisanales low-tech, reposant sur des matériaux naturels et locaux ainsi que sur des procédés de construction et d'assemblage nécessitant peu de hautes technologies et d'outils énergivores[8].

8. Alain Bornarel, Dominique Gauzin-Müller, Philippe Madec, « Manifeste pour une frugalité heureuse & créative », janvier 2018, frugalite.org/fr/le-manifeste.html

Le développement des énergies renouvelables a déjà un impact sur les paysages, lequel est amené à se renforcer dans les années à venir. Il s'agira de veiller à ce que l'intégration paysagère des installations renouvelables (éoliennes, panneaux solaires, unités de méthanisation) se fasse de manière concertée et en bonne intelligence avec les populations locales. Le développement des énergies renouvelables doit uniquement se faire dans l'optique de couvrir les besoins énergétiques non réductibles par la sobriété et l'efficacité.

Les paysages post-carbone seront donc composés de ces installations qui viendront définir de nouveaux environnements. Il est à noter que le procès qui est fait aux énergies renouvelables à propos du volet paysager n'a pas été fait aux raffineries, aux zones industrielles, aux zones commerciales en entrée et sortie de ville et aux centrales nucléaires. Cela rappelle également la difficile acceptabilité sociale dans les années 1950 du déploiement de l'électrification en France et du développement des lignes à haute tension en France.

Les énergies renouvelables sont par essence réparties sur le territoire à proximité immédiate des consommateurs. Ces installations sont amenées à devenir plus récurrentes dans le paysage. Cela participe à l'identification de l'origine de l'énergie, qui n'est pas immatérielle. Chacun prend ainsi conscience des infrastructures qui se cachent derrière sa consommation personnelle et nos consommations collectives, ce qui peut contribuer à mettre fin au mythe de l'énergie abondante et illimitée.

DÉVELOPPER DE NOUVELLES FORMES DE GOUVERNANCE

La transition des territoires, ainsi que l'atteinte de la neutralité carbone à l'horizon 2050, demande à la fois aux citoyens, aux collectivités et aux entreprises de questionner l'impact énergétique et matériel de leurs modes de consommation et de production. La sobriété doit permettre de réinterroger les politiques publiques de développement des territoires, souvent en concurrence les uns avec les autres pour attirer de nouveaux habitants ou de nouvelles activités économiques. L'équilibre urbain/rural est fragile dans la mesure où les phénomènes de métropolisation, l'urbanisation des terres agricoles, le développement des grandes zones commerciales et artisanales de plus en plus désertées en périphérie et le dépeuplement de beaucoup de centres-bourgs rendent floues les limites entre villes et campagnes.

Les défis climatiques et énergétiques auxquels nous devons faire face remettent en question cette organisation du territoire.

Après plusieurs décennies de désertion, les territoires ruraux retrouvent leur attractivité, notamment chez certains urbains qui souhaitent s'installer dans un environnement plus sain et naturel et avoir accès à des espaces de vie plus grands et moins onéreux qu'en ville. Ces néoruraux sont encouragés à passer le pas par la généralisation du télétravail et le déploiement des infrastructures de réseaux (téléphonie mobile, Internet haut débit) dans les territoires les moins équipés.

Les grandes villes et les métropoles commencent à prendre conscience de leurs vulnérabilités, notamment en termes d'approvisionnement et de capacité à produire des denrées alimentaires et de l'énergie, et se tournent de plus en plus vers les territoires ruraux présents à leur périphérie[9]. Cette dépendance des territoires urbains vis-à-vis des territoires ruraux a tendance à être négligée, voire oubliée.

Le CLER - Réseau pour la transition énergétique mène depuis plusieurs années des réflexions sur les nouvelles solidarités urbain/rural découlant de la transition énergétique. Le réseau met en avant les possibilités de coopération et de solidarité qui peuvent être créées entre les territoires urbains et ruraux sur les thématiques énergétiques, mais également agricoles, tout en insistant sur la nécessité de penser la transition en termes de réussite globale en faisant fi de la compétition entre les territoires[10].

De nouvelles formes de gouvernance et de coopération doivent alors être mises en place afin que les territoires produisant un surplus de ressources alimentaires et énergétiques par rapport à leurs besoins puissent les exporter vers d'autres territoires déficitaires, comme les territoires urbains.

Renforcer la gouvernance partagée des territoires par la mise en place de protocoles de coopération co-portés par

9. Dominique Lorrain, Charlotte Halpern, Catherine Chevauché, *Villes sobres. Nouveaux modèles de gestion des ressources*, Presses de Sciences Po, 2018.

10. CLER - Réseau pour la transition énergétique, *Nouvelles solidarités urbain rural. Une condition de la transition énergétique nationale*, novembre 2018.

des collectivités, des élus, des associations permet de renforcer les alliances entre territoires et de construire la résilience tout en évitant les logiques de prédation. On parle alors de contrats de réciprocité territoriale. Il s'agit d'une nouvelle forme de gouvernance encore à l'état d'expérimentation sur plusieurs territoires en France. Par exemple, des territoires urbains peuvent, via des contrats de co-développement, s'engager dans le déploiement de réseaux de transport desservant un territoire rural en contrepartie d'un approvisionnement en énergie renouvelable. Cela peut également se traduire par la mutualisation des postes au sein des collectivités, par un co-investissement dans des projets ou encore par la participation au financement de projets énergétiques et alimentaires locaux. En relocalisant leur approvisionnement, les territoires urbains valorisent les ressources produites à proximité, renforcent leur résilience, tandis que leurs voisins ruraux bénéficient de la création d'emplois pérennes non délocalisables et valorisent leurs ressources localement.

Au-delà des coopérations territoriales, quelle place accorder aux citoyens dans ces nouveaux modes de gouvernance ? D'une manière générale, peu d'espaces de dialogue et d'échange existent entre les pouvoirs publics et les citoyens. Pourtant, ces derniers sont les principaux concernés par les orientations politiques de leur territoire puisqu'ils en sont les usagers quotidiens et qu'ils sont directement touchés par les effets positifs comme négatifs générés par ces actions.

Le développement de conventions citoyennes pour le climat locales ou de « conseils citoyens de sobriété » permettrait aux administrés de s'exprimer sur des problématiques locales et d'identifier les pistes d'action pour mener à bien la transition énergétique et écologique sur leur territoire. Ces instances contribueraient à définir le niveau d'acceptabilité sociale de certaines politiques et à engager plus aisément des mesures sobres avec l'aval de la population. On éviterait de parler ainsi à la place des citoyens (« Les gens n'accepteront jamais ») pour leur demander leur avis en les invitant à co-construire les politiques avec les élus. Les citoyens deviendraient alors pleinement acteurs de la sobriété et de la transition.

Le tirage au sort garantirait également une certaine forme de représentativité de la population, par âge, sexe et catégories socioprofessionnelles.

Ces commissions ne devraient pas être purement consultatives. Elles auraient aussi un rôle de vigie face aux politiques mises en place et seraient garantes du respect des objectifs fixés par la Stratégie nationale bas-carbone. Elles pourraient évaluer, année après année, la réduction des émissions de gaz à effet de serre d'un territoire et l'augmentation de ses capacités de séquestration carbone. Le suivi d'indicateurs de bien-être et de qualité de vie pourrait également être l'une de leurs prérogatives.

ENGAGER UNE TRANSITION JUSTE ET INCLUSIVE

La transition énergétique et écologique doit permettre de lutter efficacement contre les inégalités sociales et environnementales et de repenser les politiques d'inclusion et de redistribution des richesses. La sobriété participe à ce rééquilibrage de l'accès aux ressources, dans les limites de la biosphère, en engageant une réduction des consommations excessives de quelques-uns au profit d'une répartition plus juste des ressources entre tous. Cela doit permettre d'améliorer la qualité de vie des plus précaires.

En France, les conseils départementaux sont en charge de la lutte contre la précarité énergétique, laquelle recouvre des enjeux sociaux et sanitaires très forts. La précarité énergétique est liée aux difficultés que peut rencontrer une personne ou un ménage à chauffer correctement son logement à un coût raisonnable. Certains ménages s'endettent pour pouvoir se chauffer chaque hiver ou, dans les situations les plus difficiles, renoncent purement et simplement à se chauffer, ce qui n'est pas sans conséquences sur leur santé.

Selon l'Observatoire national de la précarité énergétique, 15 % des Français déclaraient avoir souffert du froid, au cours de l'hiver 2018, pendant au moins vingt-quatre heures consécutives. Pour 40 % d'entre eux, cela était dû à une mauvaise isolation de leur logement. La précarité énergétique toucherait en France 5,1 millions de ménages, soit 12 millions de personnes[11].

Une étude de l'Ademe de 2013 estimait que les 5 millions de ménages les plus modestes dépensaient plus de 15 % de leurs revenus mensuels en frais énergétiques liés au logement et au transport, contre 6 % pour les plus aisés[12].

---

11. Observatoire national de la précarité énergétique, *Tableau de bord*, 2019.
12. Ademe, *Rapport d'audit sur les tarifs sociaux de l'énergie*, juillet 2013.

Au-delà des disparités entre les classes sociales, les revendications des Gilets jaunes (2019) ont mis en lumière les déséquilibres entre les territoires, ainsi que la dépendance inextricable de certaines personnes à la voiture individuelle qui les rend captives des fluctuations du prix du pétrole. Cela est une conséquence directe d'un aménagement du territoire pensé dans un contexte d'abondance énergétique et de plein-emploi. Les bassins d'emploi se trouvent aujourd'hui principalement à proximité de zones d'habitation où le prix de l'immobilier et la pression foncière ne permettent pas aux plus précaires de se loger à proximité de leur lieu de travail.

La précarité alimentaire est aussi une réalité en France. Selon le Haut Conseil pour le climat, « 4,8 millions de Français bénéficient de l'aide alimentaire, mais si l'on tient compte du non-recours, on estime en France à 8 millions la population de précaires alimentaires[13] », et cela s'est accentué avec la crise sanitaire de la Covid-19.

On retrouve également ces disparités d'accès aux ressources énergétiques et alimentaires dans les pays dits « du Sud ». Il est évident que la lutte contre la crise climatique et la transition énergétique doivent aussi être engagées à l'échelle mondiale et que les pays en développement doivent accéder aux services énergétiques minimaux nécessaires pour garantir un niveau de vie décent à leurs populations.

13. Haut Conseil pour le climat, *op. cit.*

La tarification sociale de l'énergie et de l'eau est une piste intéressante pour permettre à l'ensemble de la population de couvrir ses besoins fondamentaux en payant un tarif très faible ou en ayant recours à la gratuité. Une fois le seuil minimal dépassé, les ressources deviennent plus chères, ce qui permet de financer les premiers kilowatts ou litres. Un service public de l'énergie et de l'eau pourrait être le garant du bon fonctionnement de ce système.

ÉLABORER UNE ACTION PUBLIQUE DE LA SOBRIÉTÉ

L'État et les collectivités territoriales ont un rôle central à jouer dans la transition, d'autant plus qu'ils disposent de nombreux leviers pour mettre en place des politiques, des infrastructures et des services concourant à une réduction des consommations énergétiques et des émissions de gaz à effet de serre de la population. En effet, les comportements des individus sont très grandement influencés par les systèmes organisationnels, les cadres réglementaires, ou encore l'aménagement de l'espace. Par exemple, le développement de pistes cyclables sécurisées favorise la pratique du vélo, ou encore la limitation du temps de travail à 35 heures facilite la pratique d'activités de loisirs.

On peut définir une politique de sobriété comme une action mise en place par les pouvoirs publics permettant de réduire les consommations énergétiques et présentant plusieurs cobénéfices en termes de santé, d'économie, d'environnement, de démocratie locale...

Quels sont les leviers d'action dont disposent l'État et les collectivités pour mettre en place des politiques publiques relevant de la sobriété?

Le premier levier consiste à informer, à sensibiliser et à former très largement les élus, les décideurs, les agents publics, les professionnels et l'ensemble des citoyens aux enjeux énergétiques et climatiques. Chaque élu·e devrait avoir l'obligation de suivre plusieurs heures de formation sur les causes et les conséquences du dérèglement climatique au cours de son mandat. Ces formations devraient également être proposées à l'ensemble des corps professionnels et intégrer le tronc commun de l'ensemble des cursus de l'enseignement secondaire et supérieur.

Le deuxième levier consiste à inciter les individus à changer de pratiques sans les y contraindre ouvertement. L'incitation doit permettre aux personnes d'identifier facilement les bénéfices d'un changement de comportement. Il faut bien comprendre que la sobriété énergétique ne peut être un objectif en soi. On peut certes choisir de la mettre en œuvre pour être en accord avec des valeurs, mais bien souvent la sensibilité environnementale n'est pas une préoccupation suffisante pour faire évoluer les pratiques. En revanche, les avantages relatifs identifiables à court terme peuvent faire sensiblement pencher la balance en faveur du choix. En 2012, l'Ademe notait que « faire évoluer les modes de vie des Français vers des modèles plus durables ne sera possible qu'en tenant compte de leurs préoccupations dominantes : plaisir, accessibilité financière et santé[14] ». Cela peut se traduire concrètement par la mise en place de primes à l'achat, de crédits d'impôt ou de bonus/malus. La dissuasion constitue le pendant de l'incitation. L'installation de péages urbains ou la limitation de vitesse sont des mesures qui ont pour finalité de dissuader les individus d'utiliser leur voiture individuelle.

La taxation constitue également un mécanisme dissuasif.

Enfin, le dernier levier réside dans l'obligation ou l'interdiction. Le pouvoir normatif et réglementaire de l'État et du Parlement peut contraindre les individus à adopter un certain type de comportement ou au contraire à le prohiber. Les exemples de l'obligation du port de la ceinture de sécurité en voiture ou l'interdiction de fumer dans les lieux publics clos illustrent la façon dont la loi peut influer sur nos comportements et nos modes de vie afin de réduire les risques pour la santé humaine, et comment l'acceptabilité sociale peut évoluer au regard des bénéfices apportés par ces mesures. Certains comportements énergivores ou climaticides comme le chauffage des terrasses extérieures ou l'installation d'écrans publicitaires dans l'espace public seront amenés à être prohibés dans les années à venir tout en rencontrant une approbation de plus en plus grande de la part des citoyens.

Une réorganisation interne des administrations d'État et des collectivités territoriales semble fondamentale pour

14. Ademe, « Les Français et l'environnement : bilan et perspectives », *Stratégie & études*, n° 35, 2012.

que les problématiques énergétiques et climatiques soient traitées de manière transversale et non plus en « silo ». L'énergie ne doit pas être uniquement abordée comme une question technique. Pour le dire trivialement, l'énergie n'est pas qu'une question de réseaux, de tuyaux et de câbles. Cela concerne aussi bien l'aménagement du territoire, la mobilité, les façons d'habiter, l'alimentation et l'agriculture, l'usage de biens de consommation, etc. Les enjeux environnementaux et sanitaires doivent être au cœur de la fabrique de l'action publique et la guider. C'est le choix qu'a fait la ville de Zurich en érigeant la sobriété en principe directeur de ses politiques publiques. Elle s'est fixé pour objectif de réduire les quantités d'énergie consommées par chaque Zurichois à 2000 watts par an d'ici à 2050 (la consommation moyenne actuelle étant de 4800 watts). Les citoyens ont approuvé cet objectif à 76 % lors d'un référendum qui s'est tenu en novembre 2008[15].

Les politiques publiques de sobriété doivent également s'ancrer dans une temporalité allant au-delà d'un mandat électoral. La sobriété implique de penser l'action dans la durée et d'anticiper ses impacts et ses bénéfices sur plusieurs années. Il est déterminant de prendre conscience que les projets qui naissent aujourd'hui nous engagent sur le long terme.

15. https://www.novabuild.fr/rendez-vous/societe-2-000-watts-lengagement-volontaire-vers-sobriete-energetique

SE PROJETER DANS LE FUTUR

La meilleure façon d'appréhender les impacts de la transition énergétique et écologique sur nos sociétés et nos modes de vie dans les années à venir est d'anticiper par la réflexion et l'imagination ce à quoi pourrait ressembler notre quotidien à l'avenir. La projection dans un futur désirable ou, à l'inverse, chaotique facilite la prise de conscience des menaces auxquelles nous devons faire face et des défis énergétiques, climatiques, environnementaux, économiques, démocratiques, sociétaux et culturels que nous devons dès aujourd'hui relever. Pour cela, une discipline utilisée par les sciences économiques et de plus en plus par les sciences politiques apparaît particulièrement pertinente : la prospective.

Fondée au début du XXe siècle et initialement créée à des fins de défense stratégique et de conquête de marchés économiques, la prospective permet aujourd'hui d'identifier les signaux faibles émis par nos sociétés pour projeter des évolutions économiques, politiques ou sociétales.

L'informatique a permis d'appréhender la complexité de notre modernité par l'utilisation de supercalculateurs capables de prendre en compte différentes variables (économie, démographie, climat) et d'anticiper les évolutions à l'échelle mondiale. Le Club de Rome, via le rapport Meadows de 1972[16], a ainsi pu démontrer qu'une croissance

16. Donella Meadows, Dennis Meadows, Jorgen Randers, William W. Behrens, *The Limits to Growth*, Universe Books, 1972.

économique exponentielle reposant sur l'exploitation de ressources naturelles, conjuguée à une croissance démographique galopante, ne pouvait mener qu'à un effondrement de nos sociétés. Cet exercice a été mis à jour en 2014 en y intégrant les données climatiques[17]. Cela a montré que les tendances présentées en 1979 pour les années 2000 s'étaient confirmées et que l'effondrement de plusieurs variables (biodiversité notamment) était bel et bien en cours.

La prospective est aujourd'hui utilisée dans les projections climatiques pour estimer l'impact sur les milieux naturels et humains d'une augmentation de la température globale, de la fonte des glaces et d'une élévation du niveau de la mer. Elle permet de présenter des éléments contextualisés aux décideurs afin que ceux-ci engagent des actions en termes d'adaptation au changement climatique et d'orientation de leurs politiques économiques et sociales dans un sens ou dans un autre. Elle permet également de montrer les conséquences qui pourraient advenir en cas d'inaction face aux émissions de gaz à effet de serre à l'échelle mondiale. De plus, elle alerte sur les risques d'effondrements économiques, sociétaux et environnementaux auxquels nous sommes déjà confrontés, et qui s'accentueront dans les décennies à venir, et sur les nouvelles menaces qui risquent d'émerger. La prospective permet d'anticiper le scénario du pire afin de se préparer à l'affronter au cas où celui-ci adviendrait. Le scénario du

17. Donella Meadows, Jorgen Randers, Dennis Meadows, *Limits to Growth: The 30-year Update*, Earthscan, 2004.

pire n'est pas qu'une simple vue de l'esprit, comme l'a montré la pandémie de la Covid-19 qui, jusqu'au début 2020, apparaissait pour la majorité de nos dirigeants comme une menace peu réaliste, tout juste bonne à être mise en scène dans une superproduction hollywoodienne.

En France, le scénario négaWatt[18] fait office de référence pour déployer une stratégie nationale efficace de transition énergétique. Il permet de montrer et de quantifier les efforts à faire en matière d'investissements dans les décennies à venir pour mettre la France sur une trajectoire compatible avec l'objectif de neutralité carbone en 2050. En proposant des pistes d'action dans une approche globale et systémique, ce scénario énergétique vise à réduire les externalités négatives de nos modes de consommation et de production sur le territoire national et dans le reste du monde (impacts économiques et sociaux sur les pays pauvres et en développement de la consommation de produits industriels, impacts sur la biodiversité, pollution de l'eau, de l'air et des sols etc.), à opter pour une démarche garantissant la santé en assurant la sécurité des approvisionnements (en nourriture, matières premières, énergie...), à créer des emplois et à favoriser la cohésion sociale. Le Conseil national de la transition écologique a lui aussi proposé des pistes d'action pour une France neutre en carbone à l'horizon 2050[19]. Elles permettent également de

18. Association négaWatt, *op. cit.*

19. Conseil national de la transition écologique, *Vision de la France neutre en carbone et respectueuse du vivant en 2050*, juillet 2020.

guider le pilotage des politiques de transition, en évitant notamment les investissements dans des infrastructures qui seront rendues obsolètes au regard de l'urgence climatique (aéroports, autoroutes, centres commerciaux...). La sobriété est clairement identifiée comme un axe fort pour atteindre la neutralité carbone (sobriété numérique, déconsommation, mutualisation, développement des modes doux, évolution du régime alimentaire...).

En prenant en compte les spécificités territoriales de la Région Nord-Pas-de-Calais, désormais Hauts-de-France, et en représentant les éléments concrets d'une vie quotidienne locale s'inscrivant dans la sobriété énergétique, l'approche de Virage Énergie concourt à un objectif plus large de réduction des consommations d'énergie à l'échelle nationale, complémentaire avec le scénario négaWatt[20].

Dans ce sillage, Virage Énergie a lancé en 2012 un travail de recherche spécifique sur la sobriété énergétique. L'objectif était d'étudier les fondements théoriques et pratiques de notre société d'ébriété énergétique et d'identifier les solutions permettant a contrario d'engager notre société vers la sobriété.

Le premier volet de ce projet a porté sur l'élaboration de scénarios de prospective pour identifier les économies d'énergie qui seraient induites par une réduction drastique et continue des besoins en énergie liée à des changements

20. Virage Énergie, Étude *Mieux vivre en Hauts-de-France : pour un virage énergétique et sociétale*, 2019.

de modes de vie, d'imaginaires, de valeurs, de comportements et d'organisation collective.

Les premiers résultats de ce travail de recherche, mené grâce au soutien financier du conseil régional Nord-Pas-de-Calais et de l'Ademe, en partenariat avec le laboratoire Territoires, Villes, Environnement et Société (TVES) et le Centre d'études et de recherches administratives, politiques et sociales (Ceraps) de l'université de Lille, ont été publiés en 2013 sous le titre *Scénarios de sobriété énergétique et transformations sociétales*[21]. En 2016, l'étude de Virage Nord-Pas-de-Calais *Mieux-vivre en Nord-Pas-de-Calais : pour un virage énergétique et des transformations sociétales* est venue compléter ce travail en recensant près de 250 leviers de sobriété dépendant de nos modes de vie et systèmes socio-techniques[22].

En associant des citoyens à l'élaboration des scénarios, notamment par la création de groupes de travail, cette démarche citoyenne diffère d'un exercice traditionnel de prospective. Ces derniers ont été sollicités afin de tester le degré de faisabilité et d'acceptabilité des actions de sobriété, et également pour proposer des temporalités de mise en œuvre des mesures. Les participants ont été ainsi partie prenante de l'identification des freins, des leviers et des cobénéfices associés à un projet de société sobre.

L'objectif était également de raconter comment, individuellement et collectivement, les habitants, les élus, les

---

21. www.virage-energie.org
22. www.virage-energie.org

acteurs d'un territoire seront amenés à vivre dans une société de sobriété énergétique. Par petits groupes, les participants ont été invités à se projeter à travers le témoignage fictif d'un citoyen de leur territoire en 2030 ou 2050 et à illustrer, par le biais d'une frise chronologique, le chemin de la transition vers la sobriété. Pour être compatible avec les objectifs de réduction des consommations énergétiques et des émissions de gaz à effet de serre, la trajectoire visée devait être étayée par des propositions d'évolution des modes de vie, d'initiatives citoyennes, de transformations politiques, juridiques ou urbanistiques.

En explorant le champ des possibles, la prospective constitue un outil d'aide à l'imagination, à la réflexion et, par l'analyse des résultats qu'elle apporte, à la décision publique. La prospective citoyenne consiste donc à imaginer collectivement un projet de société en construisant une vision partagée et fédératrice d'un futur possible et souhaitable. Les scénarios permettent de se représenter les objectifs de réduction des consommations d'énergie par des éléments concrets de la vie quotidienne : la nature et l'origine des aliments consommés, les relations entre l'individu et son cadre de vie (bâtiments, biens matériels...), ou encore les pratiques sociales liées aux déplacements. Ils permettent également d'envisager les actions indispensables pour maîtriser la demande en énergie, réduire les multiples dépendances (énergie, matière, surface...) et construire ainsi la résilience d'un territoire et de sa population.

Dans ses travaux, l'association Virage Énergie élabore des scénarios afin de donner à voir comment la transition écologique et énergétique influera sur nos modes de vie et l'organisation de nos sociétés dans les décennies à venir.

Pour conclure cet ouvrage, nous vous proposons un voyage dans le temps, vers le futur, en vous présentant deux visions de la France en 2050, l'une reposant sur l'inaction et l'autre sur le pari d'un virage énergétique et sociétal nécessaire pour pallier l'urgence climatique.

Le scénario de l'inacceptable

Cette projection est une extension de la situation actuelle, sans aucune modification du fonctionnement de nos sociétés ni mise en place de politiques significatives d'infrastructures intégrant l'urgence climatique. C'est ce qu'on appelle en prospective un scénario tendanciel, qui suit les tendances actuelles, ou *business as usual*.

Nous partons de l'hypothèse que, dans cette vision de la France en 2050, la crise économique et l'austérité continuent de s'amplifier suite à des crises sanitaires et environnementales. Des phénomènes météorologiques intenses et répétés comme des cyclones dévastent périodiquement les territoires d'outre-mer et certaines régions métropolitaines sont régulièrement ravagées par des inondations ou des tornades. Cela coûte des milliards d'euros en réparations et les assurances sont de plus en plus frileuses à couvrir les personnes résidant dans ces régions. Les crises économiques, sociales, politiques et environnementales se multiplient sur l'ensemble du globe et sont amplifiées par des crises énergétiques dues à une moindre disponibilité des ressources fossiles et à une fluctuation de leur prix.

Les conflits géopolitiques pour l'accès aux ressources énergétiques et métalliques s'accentuent, notamment dans la région arctique. La coalition internationale de préservation des pôles se fissure progressivement, les intérêts de pays comme la Chine, la Russie ou les États-Unis pour l'extraction de ressources étant plus forts que la préservation des fonds marins. Le Groenland devient une destination de plus en plus prisée des investisseurs, mais également des touristes des pays occidentaux qui cherchent un peu de fraîcheur en été. En France, la côte atlantique et le nord de la France deviennent des destinations estivales appréciées pour leur relative fraîcheur. La neige se faisant de plus en plus rare, la plupart des stations de ski doivent fermer, faute de ressources suffisantes en eau pour produire de la neige artificielle.

Les incendies se multiplient dans les forêts hexagonales. Chaque année, ce sont plusieurs milliers d'hectares de forêts qui partent en fumée et autant de puits de carbone qui se réduisent. Il est de plus en plus difficile pour les pouvoirs publics d'évaluer les capacités de séquestration du carbone du territoire car celles-ci sont revues à la baisse chaque année à cause des incendies, malgré la multiplication du nombre de plantations. Le rythme de reforestation n'est pas assez rapide pour avoir un impact significatif sur la réduction des gaz à effet de serre, les arbres mettant plusieurs années avant d'atteindre leur taille adulte et leur pleine capacité de captation.

Les rendements agricoles diminuent régulièrement. La sécheresse est récurrente sur la quasi-totalité du territoire dès le printemps. La baisse des rendements agricoles aggrave davantage la précarité alimentaire en France, d'autant plus que l'ensemble des pays rencontre des difficultés en termes de production et d'approvisionnement alimentaires, ce qui entraîne une flambée du prix des denrées. Autoproduire ses fruits et ses légumes devient un luxe réservé à la partie de la population qui dispose d'un jardin ou d'une parcelle mise à disposition par une collectivité.

Les maisons se situant sur les littoraux menacés par la submersion marine ne trouvent plus preneurs et les personnes ayant des habitations sujettes au phénomène de retrait-gonflement des argiles peinent à trouver des assureurs acceptant de couvrir les frais de rénovation.

On assiste à des migrations climatiques à l'intérieur même du territoire national, qu'il s'agisse des retraités qui décident de remonter dans le centre et le nord de la France pour éviter les chaleurs du Sud, ou des habitants des littoraux qui reviennent progressivement à l'intérieur des terres pour éviter les conséquences de l'élévation du niveau de la mer.

Une part croissante de la population souffre d'exclusion sociale et les inégalités se creusent de plus en plus entre les très aisés, les classes moyennes et les plus précaires. 80 % de la population conservent les mêmes modes de vie qu'en 2021, tandis que les 20 % restants adoptent des changements majeurs par choix (sobriété volontaire) ou par contrainte (sobriété subie, précarité énergétique...). La société française est de plus en plus duale avec une partie minoritaire de la population qui choisit un mode de vie sobre, s'engage fortement dans la déconsommation, l'exode urbain, le retour à la terre et pratique le refus de parvenir (de faire carrière ou de gagner des revenus importants dans des entreprises ou industries polluantes) de manière volontaire. À l'inverse, une majorité de la population vit encore dans une société de consommation de plus en plus intensive avec la multiplication des appareils électroniques, le déploiement d'écrans publicitaires dans l'ensemble des espaces publics, le développement de nouveaux moyens de télécommunication, la dématérialisation du commerce... Toutefois, à cause du pic des métaux, les appareils technologiques coûtent de plus en plus cher et ne sont réservés qu'à une élite. La précarité numérique progresse, les personnes n'ayant plus les moyens de se payer les appareils leur permettant de communiquer ou de télétravailler se sentent déclassées. Une majorité de Français n'a pas les moyens de se payer des équipements adaptés à la 7G. Les premières voitures autonomes font leur apparition, alors que le vélo devient par ailleurs l'un des moyens de transport les plus utilisés du fait de son faible coût. Les lignes de train sont nombreuses et fonctionnelles, l'envolée du prix du pétrole ayant rendu l'usage de la voiture individuelle et de l'avion un luxe que seule une minorité de Français peut encore se permettre.

Malgré les manifestations quasi quotidiennes du dérèglement climatique en France, on constate une faible volonté politique et citoyenne de s'engager dans une transition énergétique et sociétale qui remettrait trop en question des modes de vie ancrés. Il y a un affichage politique se revendiquant du développement durable, mais sans véritable mise en œuvre d'actions déterminantes en termes de réduction des émissions de gaz à effet de serre. L'objectif de limitation du réchauffement climatique à + 2 °C ayant été dépassé en 2030, le but est désormais de rester en dessous des + 4 °C à l'horizon 2100. Les collectivités sont livrées à elles-mêmes pour mener des politiques climatiques et énergétiques ambitieuses en disposant de peu de moyens financiers. Certaines d'entre elles développent des plans de sobriété radicaux pour atténuer au maximum les impacts de la crise climatique. On assiste à une radicalisation d'une certaine frange de la population qui n'hésite pas à utiliser la force contre les pouvoirs publics, les grandes entreprises et les plus aisés réfractaires au changement pour dénoncer leur inaction.

Les problèmes sanitaires se multiplient : la pollution atmosphérique tue de plus en plus de Français chaque année, le pourcentage d'asthmatiques chez les jeunes enfants explose. Les perturbateurs endocriniens font des ravages, le taux de fécondité baisse. Les cancers « alimentaires » et « environnementaux » ne cessent de se développer.

De nouvelles maladies font leur apparition, issues de zoonoses. Les services hospitaliers sont en saturation chaque été lors des semaines de canicule qui ne cessent de s'intensifier.

Les Français s'équipent en climatiseurs, la précarité énergétique ne concerne plus uniquement le chauffage, mais également la climatisation.

Les solidarités au sein de l'Union européenne se fragilisent toujours plus. Les pays du Sud se souviennent de la frilosité des pays du Nord en matière de redistribution lors du débat sur le plan de relance post-coronavirus dans les années 2020. Il s'agit désormais de savoir comment accueillir les migrants danois, néerlandais et belges qui voient leurs pays se réduire comme peau de chagrin à mesure que le niveau de la mer s'élève. Les premiers apatrides climatiques européens sont recensés. Le recours à la géoingénierie devient progressivement la seule alternative envisageable et acceptable pour les décideurs mondiaux.

Le scénario d'un virage énergétique et sociétal

Cette projection prend en compte des ruptures économiques et sociétales nettes avec notre modèle de société consumériste.

De nouvelles formes d'imaginaires, de modes de vie et d'organisation collective se développent, en rupture avec les tendances actuelles. Les valeurs, les normes sociales et les organisations collectives se recentrent vers la protection du vivant. Cela témoigne d'une forte volonté citoyenne et politique de transition énergétique et sociétale.

Un large spectre d'alternatives aux modes de consommation, de production et d'échange actuels se généralise à l'ensemble de la population. On constate un phénomène profond de déconsommation chez l'ensemble des Français, qui préfèrent avoir recours à des produits de seconde main ou épargner (la conjoncture économique mondiale étant toujours vacillante).

Les personnes ne suivant pas cette tendance sont marginalisées, la surabondance matérielle étant considérée comme ostentatoire. Le budget des ménages est désormais principalement consacré à l'alimentation, dont les prix ont fortement augmenté du fait de la baisse des rendements agricoles liée au changement climatique, mais dont la qualité s'est améliorée avec le passage de plus de 50 % de l'agriculture nationale au biologique, notamment encouragé par la nouvelle politique agricole commune (PAC) de 2035.

Ces nouvelles pratiques permettent d'atténuer les effets du dérèglement climatique, même si ces derniers se font massivement sentir. En effet, certaines limites planétaires ayant été déjà dépassées au début du XXIe siècle, des phénomènes irréversibles sont engagés, comme la fonte de la calotte glaciaire arctique et l'augmentation du niveau de la mer. Toutefois, ces mutations sociétales ont permis de freiner la disparition de la biodiversité en repensant notamment la manière d'aménager les territoires. La débétonisation des centres urbains est à l'œuvre depuis 2025. Afin de limiter le phénomène d'îlots de chaleur et de constituer des puits de carbone, le bitume et le béton sont progressivement retirés des rues pour être remplacés par de la terre battue ou des espaces enherbés. Les constructions neuves sont rares, des milliers de mètres carrés de bureaux vacants ayant été réaménagés en logements.

Les centres-bourgs des territoires ruraux ont été progressivement repeuplés au cours des années 2020 et 2030 par des urbains en quête de ralentissement et de reconnexion avec les espaces naturels.

La rénovation massive des bâtiments lors des années 2025-2040 a permis la constitution de filières professionnelles spécialisées dans les matériaux biosourcés et produits en France. Les matières premières disponibles sur le territoire national sont en priorité orientées vers le secteur du bâtiment.

On constate une nette amélioration de la santé des Français. Le nombre de maladies respiratoires liées à la pollution atmosphérique, notamment chez les enfants et les jeunes adultes, s'est mis à chuter. La pratique du vélo et de la marche s'étant généralisée, on constate une baisse de l'obésité et des maladies cardio-vasculaires.

Les mesures de sobriété sont largement acceptées par la population car elles permettent de réduire les inégalités et sont accompagnées par les pouvoirs publics. Le taux de chômage a été fortement réduit grâce aux relocalisations agricoles, au développement des commerces et services de proximité et à la dérobotisation du travail. Une mutation de l'emploi s'est faite sur plusieurs années, notamment dans le secteur de l'industrie, du tourisme et des transports. Un plan de reconversion national fondé sur la formation et l'apprentissage de savoir-faire manuels est engagé. Les secteurs de l'éducation, de la culture et des services à la personne recrutent massivement pour faire face notamment à l'allongement de l'espérance de vie en bonne santé.

L'usage du numérique se fait désormais de manière raisonnée afin de réduire les consommations d'énergie et de matières premières et les impacts sanitaires des écrans. Le recours au low-tech est désormais courant, ce qui a entraîné un phénomène de décélération de la société. En effet, tout comme pour les organisations sociales et économiques, le rapport au temps et à la propriété évolue en faveur de gains sociaux, sanitaires et environnementaux.

La demande énergétique ayant été réduite, les énergies renouvelables sont désormais capables de couvrir la totalité des besoins énergétiques résiduels des Français. Les projets sont développés de manière coopérative avec la population, et des communautés énergétiques locales favorisent l'autoconsommation de l'énergie produite sur les bâtiments à l'échelle d'un quartier ou d'une commune.

La mise en place de quotas d'émissions de gaz à effet de serre et l'obligation de déclarer annuellement ses émissions carbone en même temps que ses revenus ont permis aux Français de réduire progressivement, année après année, leur empreinte carbone. Une révision constitutionnelle a permis d'intégrer les enjeux environnementaux dans l'élaboration des lois. Chaque décision doit remplir des critères en matière de participation à la lutte contre le dérèglement climatique et à la sobriété énergétique. Des votations citoyennes sont organisées localement et nationalement pour décider des grandes orientations économiques, politiques et sociales du pays. Les enjeux climatiques sont enseignés dès l'école primaire et toute personne candidate à une élection doit justifier d'avoir suivi une formation sur le sujet pour exercer son mandat.

Les relations internationales se sont tendues entre les nations ne souhaitant pas prendre part à l'effort climatique et celles se voulant exemplaires en matière de sobriété énergétique et de neutralité carbone. La fracture se fait d'autant plus grande que plusieurs îles du Pacifique et de l'océan Indien ont été submergées dans les années 2030 et que la totalité des populations d'États se retrouvant sans territoire doit trouver de nouveaux pays d'accueil. Les sociétés et les économies européennes traversent des crises économiques et énergétiques internationales en étant peu déstabilisées, la sobriété ayant permis d'anticiper ces chocs et de rendre les organisations collectives, les entreprises et l'administration robustes et résilientes.

CONCLUSION

Notre modèle de société s'essouffle : les défis sociaux, économiques, écologiques et même psychologiques sont de taille. Le socle sur lequel repose notre civilisation thermo-industrielle est en train de se fissurer. Un nouveau projet de société est à inventer pour redonner du sens aux actions individuelles et collectives, afin de construire un avenir souhaitable et soutenable.

La sobriété doit tenir une place importante dans la définition de ce nouvel horizon. Comme le précise le politiste Luc Semal, « la sobriété n'est pas une utopie parce qu'elle ne permet pas d'imaginer une société idéale[1] ». Si elle ne peut être considérée comme une fin en soi, la sobriété énergétique constitue un levier pragmatique pour construire la résilience des territoires, se passer plus rapidement des énergies fossiles et nucléaires et atténuer la vulnérabilité face aux contraintes énergétiques actuelles et futures ainsi qu'aux conséquences du dérèglement climatique.

Une société sobre et désirable ne pourra advenir qu'en engageant une réflexion politique démocratique sur les modalités de cette transition afin qu'elle se fasse équitablement, en associant notamment les personnes en situation

1. Bruno Villalba, Luc Semal (dir.), *op. cit.*

de précarité énergétique ou qui ne parviennent pas à satisfaire leurs besoins fondamentaux.

En parallèle, la sobriété peut devenir un cadre de pensée structurant pour réduire les externalités négatives de nos modes de production et de consommation (amélioration de la qualité de l'air, de l'eau, des sols, freins à la perte de biodiversité, etc.) tout en créant des externalités positives (population en meilleure santé, relations sociales, entraide, solidarité, et bien-être accrus...).

La pandémie de la Covid-19 a montré que nos sociétés étaient capables de s'adapter du jour au lendemain, que des mesures drastiques pouvaient être prises en quelques heures, que les dirigeants et la population mondiale étaient capables de se mobiliser contre une menace globale. Cela nous donne l'espoir qu'un sursaut sera possible pour lutter contre la crise climatique.

Dans le sillage du militant écologiste Jean-Marc Gancille[2], nous appelons à ne plus nous mentir et à prendre conscience que cette toute petite parenthèse de deux siècles d'abondance énergétique dans l'histoire de l'humanité est en train de se refermer. La fenêtre de tir pour une bifurcation volontaire de notre civilisation vers la sobriété se réduit de jour en jour. À l'inverse, la voie vers une sobriété subie, imposée, douloureuse, engendrée par la déstabilisation environnementale et civilisationnelle de notre monde moderne, s'agrandit à chaque instant.

2. Jean-Marc Gancille, *Ne plus se mentir. Petit exercice de lucidité par temps d'effondrement écologique*, Rue de l'échiquier, 2019.

Cela nous amène à appeler, aujourd'hui plus que jamais, l'ensemble de nos concitoyens et de nos décideurs à engager un véritable virage énergétique et sociétal tourné vers une sobriété choisie et désirable.

TABLE DES MATIÈRES